失われた川を歩く

東京「暗渠」散歩

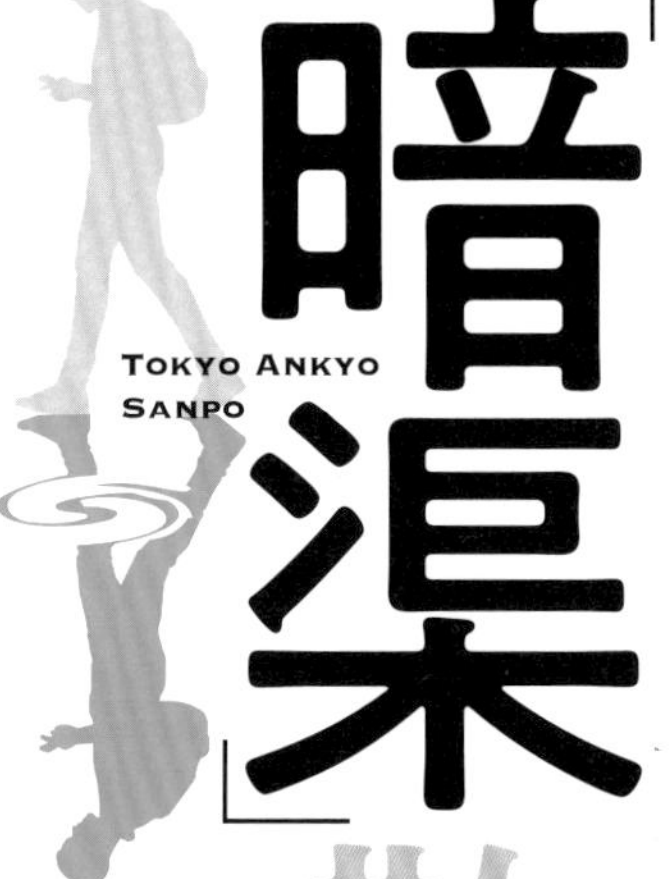

TOKYO ANKYO SANPO

改訂版

本田創 編著

実業之日本社

東京「暗渠」散歩 改訂版

目次

序 東京の暗渠

I 渋谷川支流の暗渠

II 神田川支流の暗渠

Ⅲ 目黒川支流の暗渠

Ⅳ 呑川支流の暗渠

TOKYO ANKYO
SANPO

序 東京の暗渠

失われた川跡を楽しむために

かつての川がたどってきた歴史とそこを探索する意味

暗渠とは何か

街を歩いていて、ふと、通りに交差する車止めのある路地や、蛇行した遊歩道、あるいは家々の隙間に細長く続く空き地に出くわしたことはないだろうか。そこでは、どこにも水など流れていないのに、路上や看板に「水路敷」と書かれていたり、橋の欄干を見かけたりする。ときにはコンクリートの敷板がずらっと並んで続いていることもある。これらはいずれもかつて川が流れていた場所だ。

このような川の流路の痕跡は、ふつう「暗渠」とよばれている。「暗渠」とは、本来の意味では、蓋をされた河川や、地中に埋没した水路のことを指す（ちなみに、蓋をされていない水路のことはしばしば「開渠」とよばれる）。地中でそのまま川として流れて、どこかで再び水面を現すこともあれば、構造はそのままに雨水路（雨水幹線）や下水幹線に転用されていたりすることもある。

　蓋をされる理由はさまざまだろうが、いずれにしても何らかの理由で、そこに水面があることが邪魔になったから蓋がされたということになるだろう。その際、規模の小さい川や用水路、あるいはいわゆる「ドブ」のような排水路であった場合は、蓋ではなく完全に埋め立てられてしまったり、そこに土管を埋没して下水道となったりする場合も少なくない。これらは本来の意味での暗渠とは意味合いがやや異なってくる。

　いっぽうで、暗渠上のかつて水面だった空間に目を向けると、路地や遊歩道・緑道になっていたり、車道や車道の歩道となっていたり、あるいは空き地として放置されていたりすることもあれば、完全に埋め立てられて周囲の土地と一体化し、跡形をとどめていない場合もある。これらの暗渠や川・水路跡の「上」の空間も、正確には「暗渠そのもの」ではない。

　ただ、ここでは広い意味でとらえ、地中の水路の現状に関わらず、「かつて川や用水路、溝渠（こうきょ）が流れていた空間／場所／道」全般で、今でもその流路が何らかの形で確認できるものを暗渠とよぶことにしよう（なお、水はけをよくするために農地などに埋められる地下配水管も暗渠とよばれる）。

暗渠探索のおもしろさ

　暗渠をたどっていくと、かつての川の痕跡や、川や水に関連の深いスポットが随所に発見できる。それら個々を探して歩くのも路上観察的な楽しみを得られるが、それ以上におもしろいのは暗渠が川であったことによる連続性によって立ち上がってくる空間だ。

　水が高いところから低いところへと流れる原理のとおり、もともと川だった暗渠も高いところから低いところへと続いていく。それをたどっていくことはそのまま地形に沿って土地を歩くことでもある。地形をなぞることで見えてくる空間は、ときに新鮮だ。たとえば町名や坂名などの地名が、暗渠を意識することによって、たんなる名前ではなく地形と結びついて、関係性をもち立体的に浮かび上がってきたりもする。こうして今まで認識していたのとは別の風景が立ち上がってくる。このプロセスを最大に味わえるのが、この本でこれから扱っていく、東京の山の手地区の暗渠だろう。

東京の山の手地区の川と暗渠——浮かび上がる動脈と静脈

13ページの地図を見ていただきたい。現存している川を見ているだけではわからないが、山の手から武蔵野台地にかけてのエリアには、かつて無数の川が流れていた。それぞれの川は今では本流を残し大部分が暗渠となり、その姿を消してしまったが、今でもそこには武蔵野の台地を刻む、枝分かれした谷が残っている。

いっぽう、川に挟まれた台地上には、江戸時代に引かれた玉川上水から数多くの上水・用水が分岐し延びていた。分水は、飲用・生活用に使われたり、谷沿いの水田に給水されたりしたのち、谷を流れる川に落とされた。これらの用水路も川と同様、現在では暗渠となったり埋め立てられてしまったりしたものが多い。

この失われた川と用水路を地形図にプロットし、じっくり見ていると、やがて目の前に尾根筋の用水路＝「動脈」と谷筋の河川＝「静脈」の関係でできあがった、水のネットワークが浮かび上がってくる。それは鉄道網や道路網によって形成された現代の東京の都市空間のネットワークとは位相を異にするレイヤーだ。

ふだんの生活で東京を行き交うとき、それぞれの場所は、駅や交差点により形成されたグリッドの中にプロットされて把握されているだろう。しかし、いったん暗渠や川跡がつなぐこのネットワークのレイヤーに気がつくと、地名や地形はつなぎ直され、眼前の風景の下に潜む、今まで把握していた座標系による姿とは異なった東京の空間が立ち現れてくる。

なお、山の手地区以外にも目を広げれば、大田区には六郷用水、北区・荒川区には石神井用水（上郷用水、下郷用水、中用水）といった「動脈／静脈」とは異なる、木の根と枝葉のような関係でできたネットワークが、隅田川以東には見沼代用水、葛西用水、上下之割用水といった放射状の形状をもつ水路のネットワークが見いだせる。

川が消えゆく過程

このような水のネットワークは江戸時代直前の徳川家康の江戸入城から明治初期にかけて形成されたのだが、スペースの都合上詳細についてはほかに譲り、ここではそのネットワークが失われていく（河川が暗渠化されていく）過程を追っていこう。

（1）戦前の暗渠化と河川改修

東京の川に暗渠化の波が最初に訪れたのは、大正末期から昭和初期だ。明治以降、東京では急速に人口が増加し、関東大震災後は市街地の拡大も加速した。市街化に呑み込まれた川では生活排水や工場の排水の流入による汚染・悪臭や洪水といった問題が起こり、これらの対策として暗渠化がはかられた。水窪川、弦巻川、谷田川下流部、谷端川下流部、蟹川、桜川（鮫川下流）、笄川、吉野川など、JR山手線の内側の川がそれにあたる。暗渠は下水道に、そして水面は道路へと転用された。

いっぽう、山手郊外では震災前より始まっていた耕地整理に加え、震災後の市街地拡大による宅地化を見越した耕地整理・区画整理が各地で行われた。世田谷区東南部の玉川全円耕地整理、杉並区西部の井荻土地区画整理などが代表的な例だ。こういったエリアを流れていた川は、暗渠化はされなかったが、流路は整理され、また直線的に整備された。前者のエリアでは谷沢川、後者では井草川がそれにあたる。

また、昭和初期になると流域の宅地化が進んだ各河川の改修が行われていく。渋谷川、目黒川に始まり、立会(たちあい)川、神田上水（神田川）、呑川(のみかわ)、宇田川、蛇崩(じゃくずれ)川、妙正寺(みょうしょうじ)川などの改修が戦前に行われ、流路の整備や護岸工事が実施されて、ほぼ現在と同じ流路となった。

（2）下水道36答申

東京の中小河川に、次に劇的な変化が起こったのは1960年代だ。第二次大戦後の復興期、1950年には「東京都市計画下水道」で、川の暗渠化による下水道化が計画された。しかしこれは実行には移されなかった。その間、東京の人口は着実に増加し、昭和37年（1962）には1000万人を突破、市街地化は郊外にまで及んでいく。森林や、田畑・未舗装地の減少により、湧水(ゆうすい)は涵養源(かんようげん)を失ったことで枯れ、河川では流域の保水力を失ったことで洪水が多発する。また、川の水源の役割も果たしていた用水路は徐々に利用されなくなって送水が止められ、廃止されていく。いっぽうで下水道の普及は進まず、中小河川はその水源の大半を排水が占めるという劣悪な状況となっていく。

このような状況下で、昭和36年（1961）の「東京都市計画河川下水道調査特別委員会　委員長報告」、通称「36答申(サンロク)」において、あらためて中小河川の暗渠化・下水道転用が打ち出される。そこでは、①勾配をもつ河川を利用することで技術的な効率化がはかれる、②河川の転用により、新たに下水を敷設するコストや時間を削減できる、③河川とは別に下水を整備した場合、そのことで水源を失った川はさらに環境悪化し、問題が発生する（害虫発生やゴミ捨て場化など）、④住民からの「臭いものには蓋をしろ」的な要請、といった理由から、河川の暗渠化がうたわれた。

こうして、渋谷川、北沢川、烏山(からすやま)川、蛇崩川、桃園(ももぞの)川、立会川、呑川、九品仏(くほんぶつ)川、田柄(たがら)川の暗渠化が決定した（ほか江戸川区の3河川も。また、当初は古川、目黒川も対象だった）。水源をもつ川（神田川、善福寺(ぜんぷくじ)川、妙正寺川、石神井川）は対象外となり、また、暗渠化の対象河川でも、水運に使われていたり、感潮域（海に近い河口付近は潮の満ち引きにともなって水位が変動する）となる区間や、下水に転用しても下水処理場との高低差を確保できず自然流下でアクセスできない区間は対象外となった。

昭和39年（１９６４）に東京オリンピックを控えていたこともその背景にあったのだろう（呑川は駒沢会場、渋谷川は神宮外苑に隣接）、暗渠化は一気に進み、１９６０年代半ばから70年代前半にかけて、数多くの川が暗渠化され、その姿を消した。

河川の暗渠化はその後も続いたが、１９８０年代に入ると住民の川への意識も「３６答申」の頃とはだいぶ変わってくる。そのような背景を受け都の河川行政は昭和63年（１９８８）、中小河川をこれ以上埋め立てず、暗渠化決定区間も可能な限り見直すという方針転換を打ち出した。これにより、計画が継続されていた渋谷川下流部の暗渠化などは正式に中止された。平成９年（１９９７）の河川法改正では、国の河川行政も、環境を保全する方向へと舵を切り替えた。ただし、河川法の対象外である用水路や溝渠、名もなき小さな川はそれ以降も暗渠化されていった。住宅地の裏などにひっそりと残っていたコンクリート張りの水路が、気がつけばひっそりと姿を消している、といった状況は今も続いている。

暗渠をたどるということ

このような経緯を経て、かつて東京を覆っていた水のネットワークは現在ではそのほとんどが暗渠と化してしまった。そして、暗渠そのものですら、現実には、地下で分断され川として連続して水が流れていないものも多い。たとえば渋谷川や目黒川など、下流部が開渠で残されている川の暗渠は、水路が姿を現す直前に下水幹線につながれているし、「春の小川」で知られる河骨川の地下に埋められた下水管は途中で分断されている。そういった暗渠の「蓋をはがした」ところで、決して川が甦(よみがえ)ることはない。

では、川は本当にその姿を消してしまったのだろうか。実際に暗渠を歩いてみると、そこには冒頭にも記したとおり、かつて川が流れていた痕跡をあちこちに見いだすことができる。それらは川の「抜け殻」であり、残された輪郭でしかないけれど、確かにそこに川が流れていたことを示している。

そして、暗渠をたどっていくことで、失われた水路のレイヤーが徐々に、我々の眼前に浮かび上がってくる。それは、さまざまな年代の地形／風景／土地の記憶が重なり合って、投影図のように同時にプロットされて見えている、多層的なレイヤーでもある。それらを一枚一枚剝がし紐解いていくと、眼前の風景に覆い隠された東京の原風景――水路と地形が形作ってきた、川沿いの土地のささやかな自然史、生活史の記憶が浮かび上がってくる。そのような意味で、暗渠とは、土地の記憶を紐解き、風景や地形を結び直す媒体である。

失われた水の流れを幻視しながら、ときには自らが水となり川となって、かつてそこに流れていた川をたどってみよう。そして、失われた風景を自らの心の内に復元し、川とともに蓋をされてしまった土地の記憶を掬(すく)い上げていこう。たとえ水がなくなっても、誰かがそこに川があったことを覚えている限り、そこに記憶としての川は流れ続けるだろう。『千と千尋の神隠し』で、埋め立てられた川の化身「ハク」が千尋の記憶によって「琥珀(こはく)川」の名前を取り戻したように。

文・本田 創

地図凡例

- 暗渠
- 開渠
- 同水系の他の暗渠
- 別水系の暗渠
- 別水系の開渠
- 上水系の暗渠
- 上水系の開渠

新河岸川
赤羽
荒川
石神井川
千川上水
池袋
上野
妙正寺川
吉祥寺
善福寺川
新宿
皇居
日本橋川
東京
玉川上水
神田川
三田用水
渋谷
渋谷川·古川
目黒川
品川用水
品川
立会川
多摩川
内川
蒲田
呑川
東京国際空港

暗渠探索のポイント

さて、後半では実際に暗渠をたどるにあたってのポイントをいくつか記していこう。前半に記したとおり、ここでは失われた川や用水路の跡全般を「暗渠」として記す。

地形を読む

「水は高きから低きへ」

暗渠をたどっていく上では、まずは地形が大きな手がかりとなるだろう。水は高いところから低いところに向かって流れる。これは暗渠探索においても大原則となる。地表に湧き出した水や、空から降る雨は、低くなっている谷や窪地へと集まり、さらにその中でもより低いところへと流れていく。その結果できたのが川であり、川に流れる水は周囲を削って、さらに谷が造られていくわけだ。暗渠をたどる際も、そのような谷筋、低地を見つけることが一つのポイントとなる。

坂道に囲まれた明確な谷筋から、歩いてみて初めてわかる微地形まで、暗渠は低い場所に潜んでいる。低いところであとに挙げるような暗渠の景観を見つけたら、「水は低いところへ」の原則どおり、下り坂の方向が下流、上り坂の方向が上流となるので、それをたどっていけばよい。

「川は谷筋に、上水・用水は尾根筋に」

いっぽうで、山の手から武蔵野地区では、江戸時代に玉川上水が開削されて以降、灌漑用や飲用に、玉川上水からいくつも分水が引かれ、そこからさらに枝のように分水路が分かれた。これらの水路は、なるべく遠くまで、そしてなるべく広い地域に水が行き渡るよう、高いところを選んで造られた。このような水路は、台地上の、極端にいえば山の尾根筋のような場所を通っており、ふつうの川の跡を探すのとは逆となる。

なお、これらはあくまで原則論だ。たとえば区画整理や道路・宅地造成による盛り土などで地形や高低が改変されている場合もある。また、低地に広がっていた用水路網や堀割、運河などの場合は、土地に明確な起伏がほとんどないため、この原理を当てはめるには厳しいこともある。

景観を捉える

「暗渠サイン」と「アンキョスケープ」

地形的な特徴のほかに、暗渠では特徴的な景観がみられる場合が多い。たとえば橋跡や連続するコンクリート板の蓋、細く曲がりくねって先の見通せない路地といった景観だ。暗渠愛好家の間では、これらを〝そこが川であったことを示す手がかり、目印となるもの〟として「暗渠サイン」という言葉で呼んできた。本著のオリジナル版でも「暗渠サイン」としていくつかの具体例を紹介している。ただ、必ずしも明確な因果関係があるわけではないものも少なくないし、それがあるからといって暗渠だとは限らないものが大半だ。

しかしながら「暗渠サイン」のようなランドマーク的なものに限らず、ああこれはいかにも暗渠だ、という景観は確かに存在する。そこで、ここでは暗渠サインとされてきたものを含め、それらの〝暗渠特有の景観〟や〝それを構成する要素〟を試みに「アンキョスケープ」(暗渠+ランドスケープ)と呼んでみることにする。

アンキョスケープのなりたち

アンキョスケープのなりたちは大きく二つに区分できる。一つは、川が暗渠になる前に形成されたもの。自然の力が生み出した地形や景観、人が川に関わっていく中で整えられたり作られたもの、そして暗渠になる直前の川の様子。これらはいわば、かつての川の輪郭が残ったものといえよう。

そしてもう一つは、川が暗渠になった後に形成されたもの。暗渠にする際のやり方や、暗渠化によってできたスペースの利用、そして暗渠化後の時の流れの中での変遷。これらは暗渠そのものの景観といってもよいだろう。このように暗渠化のタイミングを基準点とした過去と未来という成因の軸がある。

またこれとは別に、構造物やモノであるのか、それとも環境や空間であるのかという軸もとることができよう。こちらは二分されるというよりはグラデーションを伴う軸だ。代表的な事例をこの二つの軸に沿ってまとめたのが上の図である。いくつか代表例をみてみよう。

暗渠化前に形成されたアンキョスケープ

［橋跡］　暗渠化前に架かっていた橋が撤去されずに残っていることがある。丸ごとの場合もあるが、多くは床版、欄干や親柱など部分的であったり、場合によっては暗渠化後に架け替えられていることも。明治以前の架橋時に建てられた石橋供養塔も散見される。

上下之割用水西井堀分流
葛飾区西新小岩

［護岸跡や擁壁］　かつて川の両岸を覆っていたコンクリートや大谷石の護岸が、川がなくなった後も残っていたり、ときにはアスファルトの舗装の上にわずかに顔を出していたりする。また、川沿いの土手や盛り土、崖を崩れないようにするために造った擁壁が残っていることもある。

笄川支流
港区南青山

［銭湯］　暗渠をたどっていくと銭湯に遭遇することが非常に多い。おもに排水に由来する立地だ。かつて下水道整備が不十分だった頃、その排水を流すために川沿いに建てられたようだ。現在では住環境の変化によりなくなりつつある。

［段差や高低差］　かつての水面と周囲との高低差がそのまま暗渠と接する家や道路との段差となって、階段やスロープでつながれていることがある。また谷底の縁を流れていた場合、暗渠に並行して崖や擁壁が迫り、台地に上る階段も見られる。

三田用水鉢山口分水
渋谷区鶯谷町

［蛇行］　暗渠はしばしば川だった頃の蛇行や、地形に沿ったカー

ブをそのフォルムに残す。もともと道ではなかったため、周囲の道路区画とは揃っていないことも多い。

妙正寺川支流
杉並区本天沼

［双子の暗渠］ 山の手から武蔵野地域の川沿いには「谷戸」地形が多い。「谷戸」とは、台地（丘陵）が浸食されてできた谷状の地形で、主に関東地方での呼び名だ。上空から見るとU字形で、三方を台地に囲まれている。谷底は平地になっているのが特徴で、古来より谷頭（こくとう）に湧く水を利用し水田として利用することが多かった。そして水田の両端には、水田への給水路と水田からの排水路が流れていた。これらが都市化後も残り、双子の暗渠となっている例がよく見られる。

［学校や団地］ 暗渠沿いには小学校や中学校も多い。川跡や暗渠をまたぐように校庭が造られているといった場合もある。また、双子の暗渠に挟まれて団地が細長く続いていることもある。安価でまとまった土地の確保先として、市街地化後も開発が遅れ残っていた川沿いの田畑を利用したのだろう。同様の理由で、バスの車庫や自動車教習所などもしばしば見られる。

［地名］ 暗渠沿いには「谷」「沢」「谷戸、谷津、谷地」「久保」「窪」といった川の流れる地形に由来する地名や、低湿地帯を表す「弦、鶴」、泉や井戸を表す「井」といった字を含む地名を標識などでよく目にする。東京では1960年代に実施された住居表示施行により古い町名の多くが失われ、地名と地形の関係は薄くなっているが、それでも、町内会名や公園、通り、交差点、バス停、学校の名前などに残っていたりする。

暗渠化後に形成されたアンキョスケープ

［蓋掛けの暗渠］ 水路にコンクリート板で蓋をしただけの暗渠はもっとも基本的な暗渠だといえよう。都区内では老朽化や蓋の

石神井川支流
板橋区弥生町

下の水路の不要化に伴い、コンクリート管への置き換えや埋め立てが進み、アスファルト敷きの路地や歩道へと変わりつつある。

［車止め］　暗渠の入り口にはよく車止めがあり、歩行者や自転車しか入れないようになっている。車止めがある理由は、暗渠が蓋掛けやその上から簡易な舗装をしただけの場合、車が入ると蓋が抜ける恐れがあるためだが、歩行者以外は入れないくらい細い路地でも、車止めがあえて据えつけてあることも多い。杉並区の暗渠でよく見られる「金太郎」の絵が描かれた車止めが特に有名だが、最近なくなりつつある。

小沢川
杉並区梅里

［短い間隔で並ぶマンホール］　細い路地の暗渠に、不必要と思えるくらいにマンホールが並んでいることがある。これらは厳密には汚水桝の蓋で、住宅地の裏を流れるドブ川の状態を経て暗渠化されたような場合に多いようだ。

［突き出した排水管］　同じく細い暗渠では、両脇の家や崖から、配水管が道路へ突き出ているような場所がよく見られる。水路が暗渠になる直前、下水として使われており、そのまま下水道になったことを示している。

品川用水分流
品川区平塚

［細長い空き地］　川は暗渠化されたあとも基本的には公有地で、勝手に使うことはできない。ほかに使い道がない場合、空き地のまま放置されていたりする。

［公園や遊歩道、緑道］　ある程度幅のある暗渠では、遊具や植え込みを設置したり、せせらぎを作って細長い公園や遊歩道、緑道として利用しているところもある。

［道路の片側だけが広い歩道］　もともと道路沿いにあった細い水路を暗渠化した場合、歩道に転用されていることもある。不自然に幅の広い歩道が道の片側にだけあったり、突然途切れたりす

る。途切れた場所に行ってみると、道から離れて家々の間に暗渠が続いていることが多い。

小松川境川支流
江戸川区西小松川町

［路上の苔］ 暗渠沿いは川がなくなったあとでも水が集まりやすく、また、路地裏だったり丘に囲まれた低地であったりするため、日が当たりにくい。それゆえ、水気がひきにくくなっていて、路面や塀、石垣に青々と苔が生えていることがままある。

［猫］ 小さな暗渠は車が通れず、危険がないということで、猫の通り道や溜まり場になっている場合も多い。暗渠の景観を構成する、見逃せない要素の一つだ。

品川用水分流
品川区大井

［道に背を向ける家々］ 比較的最近に暗渠化された細い川跡などでは特に、家々が道に背中を向けている（玄関とは逆サイドが道に面している）ことが多い。もともとそこは道ではなかったからだ。

アンキョスケープから見える空間と時間

要素としての「アンキョスケープ」は「暗渠サイン」とかなりの部分が重複している。ただし「暗渠サイン」がそれらを、景観の中に暗渠を見つけるための「サイン＝記号・標識」とみるのに対し、「アンキョスケープ」では、それらを失われた水の空間の広がりと、人と水との関わりがそこに積み重ねてきた時間の奥行き―川や土地の記憶を探るための手がかりとしてみるという、視点の違いがある。つまり暗渠「を」探すためのものなのか、暗渠「から」探すためのものなのかという違いだ。

例えば、実際に暗渠を歩き視点が移動していくことで、アンキョスケープは連続的な景観となる。そこからは失われた水の流れによってつながれた空間が浮かび上がってくる。これは本章前半でも述べたとおりだ。

また時間についていえば、かつてあった水環境に起因するアンキョスケープでも、「弁財天」は、川が人々にとって豊かさをもたらすものであった頃の痕跡なのに対し、「銭湯」は、川が排水路として使われるようになった頃の痕跡だ。そこには時代による人と川との関わり方の違いがみられる。また、水環境がなくなったことに起因する「背を向ける家並み」は暗渠化から時間がたち、家々が建て替えられていったり、暗渠の扱いが道路に変わったりすると消えていく。このように、アンキョスケープは様々な時点の様子をあらわす要素が複合的に構成された景観だ。それは時の流れの中で形成され、そして変化していく動的な景観でもある。

景観の要素を静的な手がかりとして捉える暗渠サインのまなざしも、とっかかりとして決して悪くはないが、そこで終わるのではなく、それらがどのような過程を経てここにあるのかに目をむけることで、暗渠歩きはより面白く、奥深くなるだろう。

地図から探す

暗渠をたどるための手がかりとして最後に地図をあげておこう。それぞれの暗渠に秘められている歴史をひもとくには区史や地域史などの文献へのアプローチが必要だが、暗渠のルートや土地の変遷については、地図をみるだけでもかなりのことがわかる。

地図からつかめる暗渠のルートの手がかりとしては、地名や地形、川跡らしい曲がりくねった道のほか、区界線や町界線も川跡である場合がある。また、区界や町界が、だいたいは川に沿っているが、ところどころではみ出している、といった場合、そのはみ出した場所がかつての蛇行の跡であることが多い。

また、古地図を使えば、現在の地図からは推測でしかわからないかつての川の実際のルートや、川沿いの様子もかなりつかむことができる。山手線の外側のエリアであれば１９６０年代以前、内側のエリアであれば明治～大正末期の地図を見れば、今はなき数々の川の様子が確認できよう。

ネット上の地図

近年ではさまざまなオンライン地図が公開されていて、暗渠探しの手助けになる。最近凄まじい機能進化を遂げた「地理院地図」では、高低差を直感的に理解できる陰影段彩図や標高の色分けが作成できるようになったり、川が暗渠になる前の様子がわかる過去の航空写真を、現代の地図に重ねてみるといったこともできる。

「Google maps」は、マイマップの機能を使うと、暗渠のルートや暗渠上のスポットをプロットすることができ、探索前後の情報整理にも活用できる。ただ、地名の境界や寺社などの名前を確認するのにはあまり向いていない。これらについては「マピオン」などを利用するとよいだろう。また、自治体によっては緑道など様々な独自情報を掲載したオンライン地図を公開しているので、これらも参照してみよう。

地図アプリ

地図のスマホアプリの利点は何といっても今いる位置の地図をその場で確認できることだが、古地図でそれができるのが「東京時層地図」だ。明治から平成にかけての六つの時代の一万分の一地形図（明治初期は五千分の一および二万分の一地形図）を瞬時に現在の地図と切り替えて見ることができる。

また、Ｗｉｎｄｏｗｓ用アプリケーションであるカシミール３Ｄのアプリ版である「スーパー地形」も、その名の通り５メートルメッシュで地形をデータ化した数値地図により、微細な地形を陰影段彩図で直感的に把握できる優れものだ。他のオンライン地図との連携機能により、背景には過去の空中写真、地質図や土地条件図、今昔マップなどの旧版地形図も確認できる。

これらのアプリの登場により、暗渠を歩きながら、地図上では暗渠になる前の川をたどるといったようなこともできるようになり、暗渠探索の楽しみ方が劇的に拡張されたといえる。

印刷地図

オンライン地図の発達により近年ではすっかり出番が少なくなった印刷地図だが、現地で気になったポイントを書き込んだり、たどった後に暗渠のルートを塗りつぶしてみるといった楽しみ方は紙ならではだ。また、図書館などで古い住宅地図を見れば、他の古地図には載っていないような細い水路がしっかりと記されており、暗渠の確認に利用できる。

＊

さて、暗渠をたどるにあたってのポイントをいくつか紹介してきたが、まずはこの本を手がかりに実際に歩いて、暗渠の景観に触れ、それらがつなぐ空間の広がりや、そこに潜む時間の重なりを感じ、自分なりの愉しみ方を見つけてみよう。そして、この本で紹介している暗渠はほんの一部にすぎないし、暗渠マップもすべてを網羅しているわけではない。ぜひ現地の探検で、あるいは地図を活用して、町に潜む暗渠を探し当ててほしい。

大部分の川が暗渠となり、川を介した土地のつながりが見えなくなってしまっている東京では、暗渠を紐解いていくことで、今目の前に見える東京とは全く異なる都市の相貌がたちあらわれてくる。いったんそれに気がついてしまうと、あなたはもう、今までの眼差しで東京の街を捉えることはできなくなるだろう。

最後に蛇足だが注意事項を。暗渠は原則公有地となっていて立ち入り禁止になっていない限りは誰でも通れるのが建前だ。だが、実際には暗渠沿いの住人が占有していたり、あるいは家々の裏手に接していてプライバシーが保たれていないような場所もある。そういったところには、無理に立ち入ったりしないなど、配慮を忘れぬよう。

I

新宿御苑や明治神宮などを源流とする川

渋谷川支流の暗渠

山の手地区南側を代表する川筋から都心部の地形を感じる

渋谷川は全長11キロ。新宿御苑の池にその流れを発し、数々の支流を集めて、新宿区、渋谷区を流れ、港区に入ってからはその名を古川(ふるかわ)と変え東京湾に注ぐ。

JR渋谷駅以北のおよそ4キロの区間は昭和38年（1963）に暗渠化されて下水道幹線となり、支流も1960年代までには姿を消してしまった。現在、渋谷駅南口の渋谷ストリーム前からその水面が現れるが、川に流れているのは落合水再生センターから導水された高度処理水だ。

渋谷川は、誰もが知るような都心の繁華街の真ん中を流れていたといったルートの意外性などから、今では東京で暗渠化された川の象徴的な存在として、メディアでもたびたび取り上げられ、いってみれば東京の暗渠のスター的な存在となっている。

下流から暗渠の開口部を望む 明治時代末までは川端稲荷の森や、宮益水車のあった渋谷駅前は、現在大規模な再開発で風景が激変しつつある。渋谷川が暗渠から姿を現す一帯は渋谷ストリームとなった。

それらで渋谷川に興味をもったら、ぜひ渋谷川やその支流が流れる地形に目を向けてほしい。渋谷川の流域はすべて、淀橋台とよばれる台地に属している。淀橋台の属する「下末吉面」とよばれる古い段丘は、鹿の角状に枝分かれして複雑な形をした谷が刻まれているという特徴をもつ。渋谷川やその支流もすべからくそのような谷を流れている。また、渋谷川流域にはこの谷が形作る起伏に富んだ地形に由来する地名も多い。渋谷川やその支流の暗渠をたどってみることで、これらの地形や意外な場所同士のつながりを実感できるだろう。

各節に先立ち、本支流の概略を記しておこう。現在暗渠となっている①渋谷川上流域は、穏田川ともよばれていた。新宿御苑の池から流れ出た川は②玉川上水の余水を合わせ、中央線を越え南下、原宿で③玉川上水原宿村分水と神宮前3丁目方面からの清水川、明治神宮南池・東池からの流れを合わせ、最大の支流である④宇田川と渋谷駅のそばで合流していた。

宇田川は、渋谷区西原にその流れを発する。⑤宇田川初台支流（初台川）、富ヶ谷支流、そして「春の小川」で知られる⑥河骨川などといった九十九谷を流れる数々の川を小田急線代々木八幡駅付近で合流して南東に下り、さらに三田用水神山口分水、松濤公園の池からの流れ、神泉谷の流れを合わせた川と合流したのち、渋谷川に注いでいた。

川が地上に姿を現す渋谷以南の中流域は、三面コンクリート張りの流路となっている。恵比寿までの区間では、金王八幡神社からの小流（黒鍬谷）、鶯谷を流れる三田用水鉢山口分水、代官山の谷を流れる三田用水猿楽口分水を合流。恵比寿より下流では、三田用水道城池口分水、青山学院大学に発する⑦いもり川を合わせたのち、南青山一帯の水を集める⑧笄川を広尾の天現寺橋で合流する。

これより下流域、港区内の古川とよばれる区間では、川底に土が露出し、一部では水鳥が飛来するなどわずかに自然をとどめる。しかし、その大部分の区間では、川の上を高速道路が覆っている。また現在、ＪＲ恵比寿駅付近から麻布十番付近までの地下には、全長３・３キロに及ぶ地下調整池が建設中だ。

下流域では、白金（しろかね）の自然教育圏からの流れを合わせた⑨三田用水白金分水、東大医科研附属病院付近に発していた⑩白金三光（さんこう）町支流、白金台１丁目近辺に発していた⑪玉名（たまな）川といった白金台からの流れなどが合流していた。さらに、一の橋で麻布台の水を集め麻布十番を流れていた小川（吉野川）と、芝で四谷の鮫川に始まる赤坂大下水の流れを引き継ぐ桜川と合流する。その後、ＪＲ浜松町駅の南で線路を越え、浜崎橋で東京湾に注いでいる。なお、下流部は舟運のため江戸期に開削され、もともとの川筋よりも北寄りに付け替えられたため、新堀川ともよばれていた。以前の川筋の名残（なごり）は、入間（いりあい）川として河口部が戦前まで残っていた。

渋谷川やその支流の暗渠をたどっていくと、ふだん意識しているものとはまた異なった東京都心部の地理空間が浮かび上がってくる。

写真・文／本田 創

新宿駅
靖国通り
市ケ谷
四ツ谷
玉川上水
余水吐
②
③
玉川上水
原宿村分水
代々木駅
新宿御苑
千駄ケ谷駅
信濃町駅
鮫川
外苑東通り
赤坂御用地
首都高速新宿線
参宮橋駅
明治神宮
①
渋谷川上流域
⑤
宇田川初台支流
（初台川）
⑥
河骨川
渋谷区
明治通り
青山通り
原宿駅
外苑西通り
青山上水
代々木公園
清水川
④
宇田川
上原駅
代々木
青山霊園
三田用水
神山口分水
駒場
東大前駅
黒桑谷
⑧
笄川
渋谷駅
神泉谷
⑦
いもり川
吉野川
麻布十番
鉢山口分水
外苑西通り
渋谷区
渋谷川
池尻大橋駅
竹ケ谷ツ
猿楽口分水
首都高速渋谷線
道城池口
分水
恵比寿駅
⑨
白金分水
中目黒駅
三軒茶屋駅
⑪
玉名川
⑩
白金三光町
支流
自然教育園
祐天寺駅
山手通り
目黒区
目黒駅

1 渋谷川（上流域）

ＪＲ渋谷駅以北の渋谷川上流部は穏田川ともよばれ、現在源流部を除いて暗渠化されている。道の蛇行、橋の親柱といった川の痕跡探し、新宿と渋谷を結ぶというルートの意外性、源流部に残る湧水など、暗渠歩きをする人にとっては入門的な川だといえる。

川は、新宿御苑内の上の池・中の池・下の池が連なる細長い谷「千駄ヶ谷」に源流をもつ。かつては「千駄萱」、つまり大量のカヤの生える湿地だったといい（駄は馬一頭が運べる荷物の単位）、これが地名の由来だともいわれている。かつて川の最上流部は、御苑の西側、「千駄ヶ谷」の谷頭近辺に位置する天龍寺境内にあった「弁天池」だった。近年の発掘調査では湧水を利用した池の遺構が発見され、明治初期に埋め立てられたと見られている。谷の北側には、信州高遠藩内藤家の広大な屋敷が広がっていた。明治に入ると新宿

①新宿御苑西端の渋谷川源流 新宿駅南口からわずか400メートルの場所にあった、渋谷川の源流のせせらぎ。すぐそばには玉川上水からの分水の遺構も残る。以前は地面から浸み出した水が流れを形作っていたが、現在は整備され循環水が流れるようになってしまった（写真は2005年撮影）。

②新宿御苑から流れ出す渋谷川 御苑下の池の東端から、あふれた水が川になって流れ出している。ここが渋谷川の始まりだ。川幅は3メートルほど。池からの水のほか、川底からも水が湧き、水量は多い。渋谷川が川らしい姿を見せる唯一の区間だが、数十メートル流れたのち、川は暗渠の中に消えていってしまう。

御苑の前身である植物御苑が設置、谷沿いの土地も買収されその中に取り込まれる。谷には鴨池や養魚池がつくられ、これらが現在連なる池の原型となっている。なお、このときに玉川上水から御苑分水も引かれている。

一方、新宿御苑の東側にも支谷（しこく）が延びており、江戸時代に玉川上水が四谷大木戸まで開通した際に、この谷に余水路を通して渋谷川に流すようになった。また谷頭には内藤家屋敷時代の１７７２年に庭園「玉川園」が開かれ、玉川上水の余水を引いた「玉藻池」が今も残る。この余水も渋谷川に流れ込んだ。

下の池から流れ出した渋谷川はすぐに暗渠となって、玉川上水余水路と合流し、新国立競技場の敷地内を外苑西通りに沿うように南下する。地上からその姿は確認できないが、渋谷と新宿の区境

③蛇行する暗渠の上の道路　川跡は神宮前２丁目に入ると、外苑西通りから離れ、西に進路を変える。蛇行した、いかにも「暗渠の上」といった雰囲気の道路が現れる。この場所より下流は、暗渠が道路や遊歩道として利用されている。

として残る。

　外苑西通りを離れ南西に向かうところから、暗渠は道路としてたどれるようになる。明治通りに並行する形で流れ、途中で玉川上水原宿分水や明治神宮南池、東池からの川を合わせ、いわゆる裏原宿界隈を下っていく。川は昭和38年（１９６３）に暗渠化されたのち長らく遊歩道・遊び場として利用されていたが、90年代半ばに車も通れる遊歩道として整備され、その頃から「キャットストリート」との呼び名が広まった。もともとは表参道よりも下流側を指したようだが、最近では原宿橋のあたりまで含めるようだ。失われた水の代わりに大勢の若者が暗渠を行き交うのは渋谷ならでは。他の暗渠にはない光景だが、そんな中にもかつての橋の親柱が点在し、ここが確かに川跡であることを示している。

　暗渠は明治通りを越えた、宮下公園に沿って流れたのち、渋谷スクランブルスクエアの下を通って渋谷駅の南東でようやく地上に姿を現す。

写真・文／本田 創

④渋谷川上流に残る橋の親柱　暗渠沿いにはいくつか、かつて架かっていた橋の親柱が残されている。神宮前３丁目に入る地点の原宿橋（a）、表参道と交差する地点の参道橋（b）、その少し下流の穏田橋（c）、明治通りと交差する地点の宮下橋（d）。いずれも雑踏の中にひっそりと佇んでいる。国立競技場近くには、橋跡こそないものの「観音橋」が交差点名として残っている。

⑥**川を偲ばせる段差**　裏原宿を貫く「キャットストリート」と呼ばれる暗渠の通り。由来は、猫が多いので地元の高校生が「猫通り」と呼びはじめたこととか。このあたりの区間は、川にそのまま蓋をする形で暗渠化された。そのため、かつての川沿いの道と川との境目がそのまま段差として残っている。

⑤**「穏田の水車」があった付近**　渋谷川は、この付近では一帯の地名から穏田川と呼ばれていた。写真奥付近には「村越水車」があり、明治中ごろは直径 6.5 メートルの水車で、杵を 57 本も連結して米搗きを行っていた。葛飾北斎の「冨嶽三十六景」にある「隠田の水車」は、この付近の水車をモチーフにしたともいわれる。

⑦**明治神宮からの川の暗渠**　竹下通りの裏手には、フォンテーヌ通り、ブラームスの小径などと呼ばれる細い道がある。これは、明治神宮南池から流れ出し渋谷川に注いでいた川の暗渠だ。(a) その水源は近年注目を浴びている「清正の井」(きよまさのせい) (b)。また、明治神宮東池や東郷神社神池からの水も、この川に合流していた。

a

b

⑧**宮下公園脇の暗渠**　明治通りを越えた先の暗渠は、ミヤシタパークの開業により、かつての裏通りと駐輪場から姿を変え、賑やかな表通りになった。

2 玉川上水原宿村分水

原宿村分水は、もともとは新宿パークタワーの南東付近の窪地の湧水に流れを発し、谷筋を流れる小川だった。享保９年（１７２４）に、現在の文化学園のある地点で玉川上水から南に分水路を造って水を引き入れ、流域の水田を潤す用水となった。

また、ＪＲ新宿駅寄りの別の分水口からは「千駄ヶ谷分水」が引かれており、現在のＪＲ東京総合病院のところにあった紀州徳川家の屋敷の池を経由して、原宿村分水へ流れ込んでいた。この屋敷にちなんで新宿駅近くの玉川上水路跡の道は葵通りと名づけられており、「葵橋」跡の碑も建てられている。

これらの引水路は川の谷筋に下る際にかなり急な流路となっていて、明治時代には直径７ｍに達する巨大な水車が設けられ、米搗きや撚糸、組紐の製造などに利用され、後には電線の製造にも使われていたという。今の風

①原宿村分水の分水地点　文化学園前の玉川上水暗渠に、アーチ形のモニュメントが立つ。玉川上水が新宿駅構内を越えていた場所のレンガ造りの暗渠を復元したものだという。原宿村分水はこの付近で左側に分水されていた。

②わずかに残る川跡の痕跡　公務員住宅敷地の南側に、水路跡が行き止まりの道となって残る。文化学園前から南下した分水は、この道の奥でもともとあった小川に合流して、向きを東に変え写真手前方向へ流れていた。

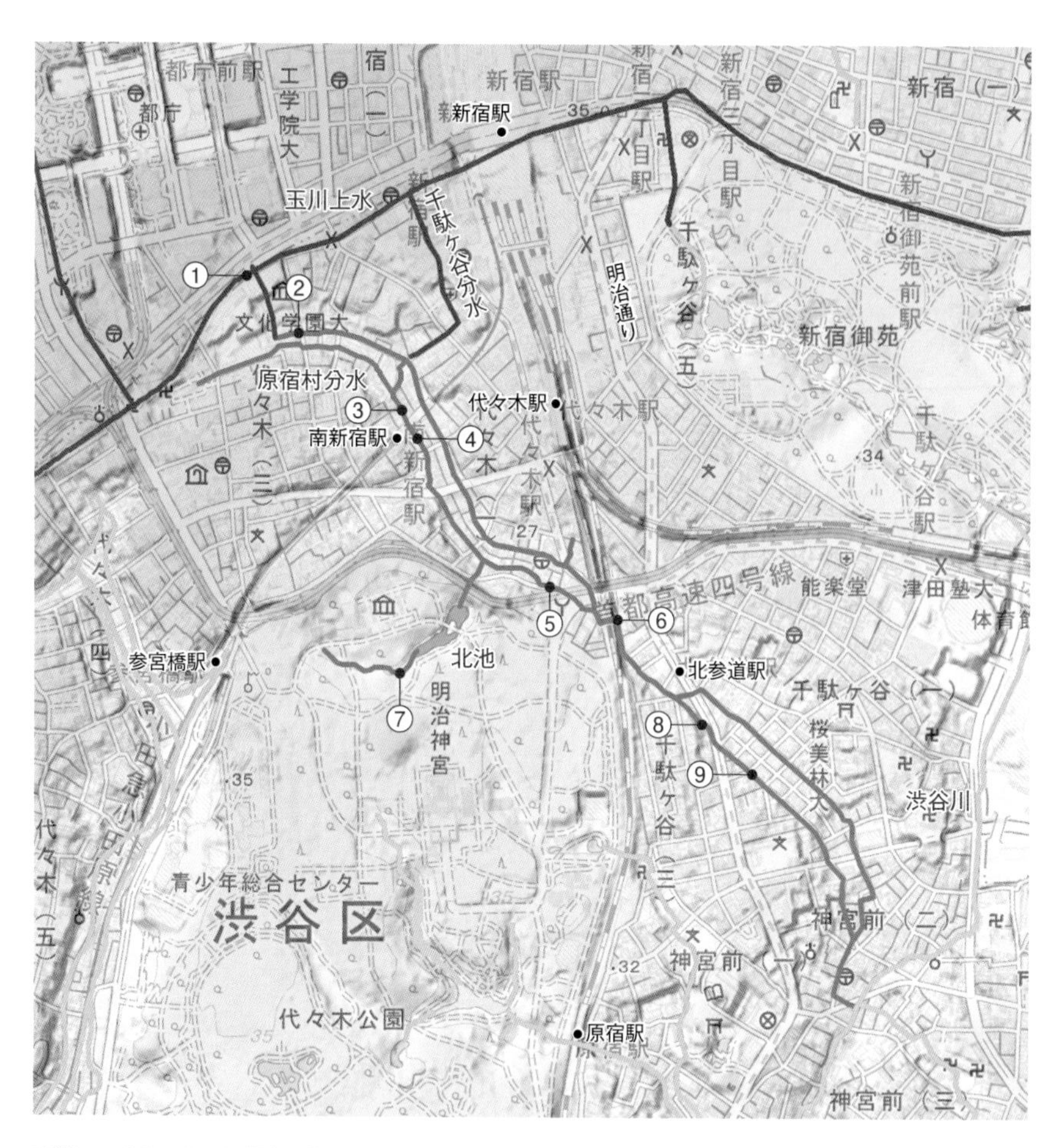

景からはとても想像できない。
川は東西2本の並流路となって緩やかにカーブを描き、谷筋に沿って南東に流れていた。流路の間は帯状の水田となっていて、現在の小田急線南新宿駅近辺から神宮前まで続いていた。流域の都市化にともなって、東側の水路は昭和7年（1932）ごろに暗渠化されて車道となっている。いっぽう、西側の水路は

③代々木に残る暗渠の道　並行した2本の分水路のうち、西側の流路をたどると、はっきりした暗渠が出現する。路上を覆う苔が随所に見られる。

１９６０年代半ばまで残り、都心近くとは思えない静かな住宅地の中に、川跡の雰囲気を残す暗渠が続いている。

北参道の手前では、明治神宮の北池からの小川も合流していた。北池には今でも、林からの湧水の流れる小川が注ぎ込んでおり、そのせせらぎはかつての川の姿を彷彿(ほうふつ)させる。

流路は山手線開通後は明治神宮北参道入り口付近でいったん１本にまとめられて山手線東側に抜け、明治通り以東で再度２本に分かれていた。これより先は原宿川、もしくはたんに渋谷川支流ともよばれていた。それぞれ数

④小田急線ホーム下の名残　小田急線南新宿駅ホームの高架下に、川がくぐっていた跡がある。駅は、昭和２年（1927）の開通時にはもう少し新宿寄りにあり、「千駄ヶ谷新田駅」といった。現在の場所は原宿村分水の谷を越えるため土手となっていたようだ。

⑤流路の痕跡が消える地点　明治神宮北参道入り口そばの石段で、いったん川跡は消滅する。暗渠沿いにはかつては川の護岸だったと思われる石垣があり、シダやコケが生えていて湿気の多さがうかがえる。

⑦**かつての川の風景**　原宿村分水には明治神宮北池からの流れも合流していた。北池には、竹やぶの中から湧き出す小川が注いでいる。季節によっては枯れているときもあるが、かつての川の風景を彷彿させる貴重な流れだ。

⑥**山手線との交差点の痕跡**　山手線土手の東側には、原宿村分水の水路をまたいでいた跡が残る。山手線は明治18年（1885）開通だが、その当初からこの位置で川を越えていた。

メートル幅の小さな水路だったが、大雨の際には増水し、子どもが流されて亡くなったこともあったという。新宿付近とは逆に西側が戦前に、東側は戦後に暗渠化された。二つの水路は神宮前の原宿橋跡付近で渋谷川に合流していた。

写真・文／本田創

⑧**空き地となっている暗渠**　明治通り沿いにぽっかりと、原宿村分水西側の流れの跡が立ち入り禁止の空き地として残る。地下には下水化された暗渠が通る。

⑨**暗渠内のレンガ**
原宿村分水西側の流れは昭和初期に暗渠化された。その頃水路はコンクリートの護岸となっていたが、橋が架かっていたところにはレンガ造りの橋台が残り、そのまま暗渠化された。改修工事の際、その様子が垣間見れた。（写真提供：柳田敬之）

3 河骨川

河骨川（こうほね）は、京王新線初台（はつだい）駅の南東側から小田急線参宮橋駅を経て、代々木八幡（よよぎはちまん）駅付近で宇田川に合流していた小川で、１９６４年に暗渠化されている。コウホネは黄色い花を咲かせるスイレン科の水草で、これが川沿いの土手に群生していたことが河骨川の名前の由来という。いっぽうで、上流部の旧町名をとって、山谷川（さんや）とも呼ばれていたという。

川沿いは大正半ばまでは水田が広がる長閑な風景だった。大正元年（１９１２）に発表された唱歌「春の小川」は、現在の代々木3丁目付近に当時住んでいた国文学者・作詞家の高野辰之が、そんな河骨川の風景をモデルに詞を書いたといわれている。

このエピソードは、その意外性もあってメディアに取り上げられることも多いが、中には渋谷川の、あるいは宇田川の風景を描いているとの誤った紹介も見られる。

①山内公爵邸の池跡付近　公爵邸の池があった窪地には現在建物が密集している。左手マンションの場所は1990年代半ばまでは個人宅で、最後まで池の一部が残っており、湧水でコウホネを育てていたという。今は道路のＶ字坂のみに名残をとどめる。

②二つの源流の合流点　初台１丁目からの流れは山手通り東側から深く幅の広い谷となり、やがて山内邸からの流れに合流していた。暗渠の道端には苔が生し、湿度が高そうだ。

ちなみに、高野辰之の出身地である長野県中野市では、春の小川は地元長野がモデルだとする説もある。

河骨川の源流は二つあった。一つは代々木4丁目26番にあった山内侯爵邸の湧水池で、邸内には渋谷区最後の水田が戦前まで残っていた。現在では水源や水路の痕跡はない。もう一つは、初台1丁目40番の、三方を囲まれて東側が開けた窪地で、現在でも川の名残の細い排水溝が住宅地の中を通っている。こちらは山手通りを越えた地点から谷底にはっきりした暗渠の路地が現れる。

③並行する水路の跡
川沿いが水田だった頃は、本流の両側に並行して田への給水を担う分流が流れていた。多くは路地としてたどることができ、中には細い溝となって残っている場所もある。

⑥**橋跡の盛り上がり**　小田急の線路沿いに下っていくと、踏切を横切る道路のところだけ盛り上がっていることが多い。これらは橋の名残だ。写真の箇所には北星橋という名の小橋がかかっていた。

⑦**春の小川記念碑**　線路沿いの「はるのおがわパーク」に唱歌「春の小川」の記念碑がある。作詞者の高野辰之は「朧月夜」や「ふるさと」といった作品でも知られている。

⑧**飛び出す排水管**　小田急線沿いの暗渠。護岸跡と思われる古い擁壁から、排水管が飛び出している。暗渠沿いによく見られる風景だ。

④**小田急線の下をくぐる川**　小田急線をくぐる地点に、河骨川の水路と欄干らしきものがわずかな区間、残る。線路の向こうから続く河骨川の暗渠に埋められた下水管はこの付近から川跡を離れていくかたちとなっており、部分的に取り残されたのかもしれない。

⑤**蛇行して進む河骨川**　小田急線の東側にある河骨川の暗渠上の道。車が通れないくらいの細い通りだが、きれいにＳ字に蛇行している。

二つの源流は、合流したあとに小田急線参宮橋駅方向へ向かう。かつては谷の中央を通る本流のほかに、西側と東側の崖下にも分流が通っており、谷間の水田を潤していた。西側の水路は路地となった暗渠が、東側の水路は一部に名残の開渠が残っているので探してみるのもよいだろう。

川は参宮橋駅南で小田急線を越えたあと、細い路地となって小田急線に沿い南南西に向かっていく。地図には現れないような暗渠の微妙な曲がり具合は、歩いてみて初めて実感できる。また、線路沿いの区間では踏切を横切る道路と交差する場所だけ盛り上がっていて、かつてそこに橋が架かっていた頃の名残が感じられる。暗渠は代々木八幡駅の北側で線路沿いを離れて路地裏を蛇行しながら進み、駅の南東側で宇田川に合流する。

なお、小田急線をくぐる場所付近以外は、川跡に沿って水源からところどころの電柱に「春の小川」の標識がつけられているので、歩く際の参考になるだろう。

写真・文／本田 創

⑨カーブを描く暗渠　代々木八幡駅近辺、宇田川暗渠に合流する直前。カーブした暗渠が路地と接しているが、車止めでしっかりと空間が分けられていて、路面の舗装も風合いが異なっている。かつて川であったことをはっきりと主張しているかのようだ。

⑩宇田川との合流点　写真奥から流れてきた河骨川は代々木八幡駅方向からの宇田川本流に合流して、終点となる。手前のブロック敷の道が宇田川の暗渠で、左から右に流れていた。

4 宇田川初台支流（初台川）

渋谷区初台の西側を流れる宇田川の支流は、短いながら、ピンポイント的に川の名残が残り、渋谷川水系をたどる中では外せない暗渠だ。

通称「初台川」ともよばれるこの川は、甲州街道の渋谷区本町1丁目交差点から代々木郵便局前を通って山手通り初台坂下交差点に抜ける道沿いの、かなり深く傾斜もある谷を流れていた。明治時代の地図では代々木郵便局の向かい近辺から水路が描かれており、源流部の周囲は牧場や森となっている。

現在暗渠としてたどれる最上流部には古い大谷石の擁壁があって、その下から人知れず渾々と湧水が湧き出し溝を流れている。周囲が森だった頃から湧いていた水だと思うと感慨深い。大正時代末ごろまで、流域一帯は「初台田んぼ」とよばれる谷底の水田地帯が代々木八幡まで続いており、川の流路も小さな水路に分かれて複雑に入り組んでいたようだ。この水もかつては川を経て田にも注いでいたのだろう。

そんな風景が激変するのは関東大震災後である。東京郊外の急速な都市化はこの地にも及び、大正末期から昭和初期にかけて田んぼの区画整理が行われ、一帯は住宅地となっていく。これにあわせて、川の流れは現在のルートに一本化された。そして渋谷川水系の他の支流と同様、1960年代半ばに川は暗渠化され、その姿を消す。

現在、川跡の暗渠は、源流地点からほぼ直線を描いて下っていき、下流に向かうほど太くなっていく。川跡が山手通りにぶつかる手前には、川が暗渠化される前に架けられていた「初台橋」が現在もほぼ当時のままの姿で残っている。渋谷川の数多い支流の中でも、橋がそのまま残っているのはここだけで、とても貴重な遺構だ。

①初台川の源流地点　川が流れていた谷を東西に横切る道。下り切って再び上り坂になる、横断歩道のわずかに手前が谷頭付近だ。谷が南（写真左側）にかなり傾斜しているのもわかるだろう。

③今も湧く水　路地は三方を崖に囲まれた窪地となっている。大谷石の石垣の下には、北東側の崖下から湧き出した澄んだ水が流れている。かつての川の水源の一つだったのだろう。

②川跡のはじまり　下り坂から入り込む路地から、はっきりとした川跡が始まる。路地の入り口の地面には側面に「田端橋」(a)と刻まれた小さな石橋の欄干が埋め込まれているが、この場所にあった橋なのか不明だという（b）。

④谷底に降りる階段　川跡の左岸には、谷の斜面が迫っている。古い階段を上った丘の上には、2000年代半ばまでみずほ銀行の迎賓館の森があったが、現在はマンションがたっている。

⑤暗渠の道が始まる　川跡はいったんマンションに遮られるが、しばらく南下した地点から、バイクや家電が放置され、やや裏びれた、いかにもな暗渠が始まる。

⑥苔で覆われた護岸　暗渠沿いに残る護岸は三重に重なっている。時代の変遷に伴いかさ上げされたのだろうか。表面を鮮やかな苔が覆う。

山手通りをくぐった川は、通りの東側沿いに流れていたが、現在首都高速中央環状線の開通にともなって道路が拡幅され、まったく痕跡はない。また、かつてはここで京王新線初台駅方面の枝谷（えだたに）からの川が合流していたが、こちらも現在では谷をつぶして山手通りが通っており、ほとんど面影は見られない。

川はしばらく下ったあと代々木八幡神社の前で山手通りから離れ、左カーブを描いて山手通り八幡橋下をくぐる道沿いを流れていた。代々木八幡神社は台地から南に突き出した岬状の丘の上にあり、境内には縄文時代の遺跡がある。縄文人たちは初台川の水を利用していたのかもしれない。

⑦今も残る初台橋の欄干　山手通り「初台坂下」交差点の直前に、１カ所だけ橋がほぼ丸ごと残っている。親柱には「初台橋」とある。以前はは平仮名で書かれた銘板もあったが、いつの間にかなくなってしまった。

⑧山手通り方面からの支流　山手通り方面からの支流の痕跡はほとんどないが、1カ所だけ、山手通りの東側にはっきりとした窪地が残っていて、その底に遊歩道が通っている。遊歩道の位置は古い地籍図に描かれた水路に一致する。

川は小田急線代々木八幡駅の南側で宇田川と合流して終わっている。明治後期ごろまでは宇田川の流路が異なっており、もう少し下流までが初台川で、井ノ頭通りを越えるところで合流していた。戦前の地形図には宇田川初台支流に対して「深町川」の名前が記されているものもある。深町は代々木八幡駅周辺の旧町名（代々木深町）だ。この初台川から宇田川に変わった区間が代々木深町を通っておりそのことに由来する呼称なのかもしれない。

写真・文／本田 創

⑨宇田川との合流地点
小田急線代々木八幡駅の南側、踏切を渡った場所で、初台川は代々木上原方面からの宇田川本流と合流する。写真の道路右側、タイル張りの歩道が宇田川の暗渠だ。

5 宇田川

①水源地域の起伏　JICA東京国際センターから東京消防庁消防学校にかけての道。狼谷はH字状の谷だが、H字左上にあたる谷の谷頭地形が、道路の起伏に現れている。

②湧水池として残る宇田川の源流　かつて狼谷の谷底は水田だったが、大正時代には一帯は森永製菓創業者の屋敷となり、湧水を利用して二つの池が造られた。その名残の小さな湧水池がひっそりと残っている。1991年の東京都の調査では1日40立方メートルほどの湧水が確認されている。

宇田川は、渋谷区西原を中心とする「代々木九十九谷」の最奥、狼谷（おおかみ）にその流れを発する、渋谷川最大の支流だ。かつて西原から初台にかけての一帯は「宇陀野（うだの）」ともよばれており、ここから流れ出ることから宇田川の名がついたといわれている。鹿の角のように枝分かれし谷を刻む幾つもの流れを集めるが、ここでは本流についてたどることにする。

本流の水源地、西原2丁目の「狼谷」は「大上谷（おおかみ）」とも書かれ、H字型の窪地である。かつては斜面を森に囲まれ、谷底は水田になっていたという。現在でも一部にはその頃の面影が残り、宇田川の水源の一つであった湧水池も今なおひっそりと湧水を湛える。

川はH字の右下にあたるところから南下し、

小田急線代々木上原駅近辺で上原の谷からの小流と旧・大山園近辺からの水を合わせ、その先で西原と元代々木の境界の谷からの小流を合わせていた。大山園は大正初期に造られた庭園で、現在はユニクロ社長の邸宅となっている。

小田急線代々木上原駅から代々木八幡駅までは、町の裏側を縫うように細く曲がりくねった暗渠が続く。代々木八幡駅の手前で線路の南側に移ると、駅付近で初台支流、富ヶ谷を流れる小川、そして河骨川と次々に支流を合わせ、代々木公園の手前で南東に向きを変えて以降は井ノ頭通りに並行するようにJR渋谷駅北側まで流れていく。

代々木八幡駅から宇田川町に入るまでの川跡は遊歩道になっており、路面の敷石は川を意識したのかゆったりとした蛇行がデザインされている。近年では「奥渋谷」として注目されるエリアとなり店や人通りも増えた。神山町の谷筋の小流を合わせ宇田川町に入ってからは、川跡

⑥**宇田川遊歩道**　代々木八幡駅の東側より下流は、以前は遊具や植え込みが並ぶうらぶれた暗渠道だったが、2005 年に「宇田川遊歩道」として綺麗に整備された。

⑦**護岸を彷彿させるガードレール**　暗渠は宇田川町に入ると、遊歩道から片側にガードレールのついた車道となる。ガードレール根元の土台が護岸を彷彿させる。近年アスファルトを敷き直す前は、路面右端に護岸のコンクリートが露出していた。

③**西原児童遊園からの暗渠**　代々木上原駅前にある小さな公園から、はっきりした暗渠が東方向に始まる。この近辺で、駅南西側の上原の谷からの支流が合流していた。代々木上原駅前から代々木八幡駅近辺にかけての宇田川流域一帯は、かつては「底ぬけ田んぼ」と呼ばれる低湿地帯だった。

④**曲がりくねる暗渠**　暗渠は西原から元代々木にかけて路地裏を縫うように曲がりくねって進んでいる。かつてはたくさんの小橋が架けられていた。また、現在暗渠として見られる流路の他にもいくつかの分流が並行して流れ、流域の水田を潤していた。現在でもその一部は道路として残っている。

⑤**シンプルな車止め**　暗渠沿いの家々の建て替えとセットバックで、宇田川の暗渠道はだいぶ広くなった。それでもなお、車止めが自動車の侵入を妨げ、ここが暗渠であることを示している。

⑧西武Ａ館とＢ館の間も暗渠　宇田川は暗渠化時に文化村通り側から井の頭通り下に付け替えられた。西武デパートA館とB館の間の地下1・2階売場は暗渠に妨げられてつながっておらず、バックヤードとなっている地下３階のみ暗渠の下をくぐる連絡通路が存在する。

⑨山手線をくぐる暗渠　山手線の土手をトンネルでくぐった先で渋谷川と合流し、宇田川は終わる。ミヤシタパーク開業で賑わう路上の下には渋谷川暗渠への合流地点がそのまま残っている。

の雰囲気の残る車道となる。東急文化村の北東では、三田用水神山口分水・松濤公園の池からの流れ・神泉谷の流れを合わせた川と合流していた。

宇田川町から渋谷にかけての流域は大正時代半ばまでは雑木林や水車、水田といった牧歌的な風景が広がり、国木田独歩『武蔵野』、田山花袋『丘の上の家』、大岡昇平『幼年』といった小説にその様子が描写されている。

しかし、その後は急速に都市化し、しばしば起こる氾濫対策として昭和6年（1931）に下流部が暗渠化され、あわせて文化村通り沿いから井ノ頭通りの下に流路が付け替えられた。そして、1960年代前半には全域にわたって暗渠化され、その水面を見ることはできなくなった。

写真・文／本田 創

6

いもり川

①**水源地は青山学院**　現在、青山学院構内の谷筋には校舎が建ち並び、川の痕跡はない。東京オリンピック時に開通した六本木通りの南側、川跡を通る道路沿いに常陸宮邸があり、その緑だけが往年の風景を偲ばせる。

②**階段で下りる暗渠**　東４丁目交差点の五叉路の南側に、階段で下りる暗渠が残る。一帯はもともとは常磐町という町名で、交差点から西に少し進んだところに、戦前まで「常盤（常磐）松」と呼ばれる松の老木があった。戦争で焼けた現在は「常盤松の碑」だけが残る。

渋谷川の支流の中でもとりわけユニークな名前を持ついもり川。青山学院内東側の低地から流れ出し、鶴沢から羽沢（はねさわ）（羽根沢）とよばれた谷筋を、川沿いの池の湧水を集めて北から南に流れ、渋谷川に注いでいた川だが、現在は全区間が暗渠となっており、池も残念ながらすべて消失している。川跡がはっきりと残っているのは、東4丁目の五叉路付近と、東京女学館以南だ。

青山学院一帯は、もとは伊予西条（いよさいじょう）藩の下屋敷で、東門のそば、現在「ウェスレーホール」が建つ場所にいもり川の水源の湧水池があった。明治半ばの地形図にその姿を確認できる。平成初期、一帯の遺跡発掘が行われた際にこの池の遺構が見つかったが、かなりの水量が湧き出して途中までしか発掘できなかったという。現在でも水脈は生

③「いもり川階段」下の暗渠　東京女学館の南側に「いもり川階段」があり、ここを下ると再びはっきりした暗渠が現れる。東京女学館の場所には、大正13年（1924）まで感化院があり、その構内には湧水池「羽沢の池」があった。

きているのだろう。また、大岡昇平の『少年』では大正後期にこの湧水池よりやや南にあった池がいもり川の水源として描写されている。

川名の由来にはいくつか説がある。川に多く棲息していたアカハライモリを由来とする説が一般的だが、ほかに、渋谷一帯の中世の呼び名「谷盛庄（やもり）」に由来する説、写真②付近の「常磐松（ときわまつ）」に関連する説がある。後者は、源義朝（みなもとのよしとも）の側室「常盤御前」が牛若丸など三人の子を連れてこの近辺を通りかかった際、流れていた小川で子どもや自分の「いもじ」（腰巻）を洗い、そばにあった松の木にかけたことから、この松を常盤松、小川を「いもじ川」とよぶようになり、のちに「いもり川」に変化したという言い伝えだ。ただし、常磐松の樹齢は400年ほどだったらしいので、時代は合致しない。

川沿いには水源の池のほかにも、常陸宮邸（ひたちのみや）の向かい、南青山7丁目1の窪地に「常磐松の池」、現在の東京女学館敷地に「羽沢の池」と、かつて

⑥**谷底に残る川跡**　川は谷底の東縁を流れていた。川の左岸、大谷石の擁壁となっているところは、かつては針葉樹の茂る急斜面であった。右岸側は谷沿いに細長く延びる水田地帯となっていたようだ。

④**傾斜地の川跡**　かつては鬱蒼とした緑の中を暗渠が蛇行し下っていたが、現在東側敷地はマンションとなり、秘境感は薄れた。暗渠沿いの土留めの石垣を見ると、かなりの傾斜であることがわかる。

⑦**今も残る蓋暗渠**　いもり川暗渠に直交する路地に入ると、コンクリートで蓋がされた細い暗渠が残っていた。かつて近辺の雨水や排水をいもり川に落としていた水路の名残なのだろう。

⑤**40年前は開渠だった区間**「いもり川階段」より下流部は、1960年代末まで開渠で残っていたようだ。写真の区間では、暗渠化直前は道路に並行して川が流れていた。

は池が点在しており、水の豊富な土地だったことがうかがえる。大正後期までは谷の斜面は針葉樹に覆われ、谷底は細長い水田となっていた。中流までは比較的傾斜があるため、ふだんは静かなせせらぎであったが、雨のあとなどはかなりの急流となり、上流からカエルなどが流されてきたりしたという。

下流部は、深く刻まれた谷の底を蛇行しながら南下し、臨川(りんせん)小学校の脇を通って、渋谷川に注いでいる。かつては合流点の手前が滝になっていて、明治の一時期には、国産初の理髪鋏(はさみ)製造用の水車やミルク製造用の水車が架かっていた。今は切り立ったコンクリート護岸にいもり川の暗渠が口を開けるばかりだ。

写真・文／本田 創

⑧上下に分かれるＹ字路　左奥から手前に崖下を流れてきたいもり川は右奥の崖上から下ってきた道とぶつかる。暗渠となった今では上下に分かれるＹ字路となっている。ここで羽沢の谷は終わる。

⑨渋谷川との合流点　暗渠は明治通りを越え、児童遊園の下で渋谷川に注ぐ。かつて明治通りには「どんどん橋」が架かっており、近年まで欄干が残っていたそうだ。橋の名は、渋谷川に合流する手前でいもり川が滝になっており、音が響いていたことに由来する。今はその面影はまったくない。

①笄川本流の暗渠開始地点　地下鉄外苑前駅の南側、梅窓院という寺の西側から本流の暗渠が始まる。この通りは、墓地の横だからという理由で「ぼちぼち通り」というそうだ。梅窓院一帯は青山墓地の台地西側の谷の谷頭にあたり、かつては湧水や谷に集まる雨水が笄川の源だったのだろう。

②平行する暗渠　ぼちぼち通りを少し下るとすぐに、西側に細い暗渠が分かれる。ここから先は２本の水路が並行していた。こちらの暗渠が外苑西通りと交差する場所は数メートルの段差となっていて、階段がある。道の反対側にも階段があって、暗渠が続く。

舌状に張り出した台地に広がる青山霊園。その両側の谷筋を流れていたのが笄川だ。龍川、親川とも呼ばれた川はいくつもの支流を合わせながら西麻布、広尾と南下して天現寺橋で渋谷川に合流する、宇田川に次ぐ規模をもつ支流だった。流域の谷底には明治中ごろまで川に沿って水田が続いていたが、その後急速に都市化して、昭和12年（１９３７）に大部分が暗渠化された。部分的に残っていた開渠も１９６０年頃までには暗渠化され、現在水が見られるのは根津美術館の湧水池と有栖川宮記念公園の池のみである。

川の名称の由来は川に架かっていた「笄橋」にまつわる複数の説が伝わる。一つは、天慶2年（９３９）の「天慶の乱」の際、源経基が川に架かる橋を渡ったときに味方の証拠として刀の笄（鉤匙）を与えたため、その橋が笄橋とよばれ、川名にも転じたという説。も

③**西側水路の暗渠**　谷は大きくＳ字型にカーブしており、谷底の平地の両縁を南下していた２本の水路のうち、西側（南側）水路の暗渠は路地裏の道になっている。近年は暗渠沿いの家々の建て替えや路地の拡幅が進み、雰囲気は変わりつつある。

④**東側水路と青山墓地**　東側の本流水路は、青山墓地の土手直下、外苑西通りの場所を流れていた。写真のあたりでは道路西端（左側）の地下を下水幹線になった暗渠が通る。２本の水路の間は明治中ごろまでは水田だった。その後 10 年ほど前までは静かな住宅地となっていたが、再開発で巨大なマンションがたち谷の様子がつかみにくくなった（左手マンションの裏に西側水路の暗渠がある）。

う一つは、徳川家康が江戸幕府を開いた際に、このあたりに甲賀組と伊賀組に屋敷を与え住まわせ、そのため橋を甲賀伊賀橋とよぶようになり、のちに笄橋に変わったという説だ。

笄川は暗渠化の時期が早かったため、川の痕跡はほとんど残っていない。特に、日比谷線広尾駅以南では外苑西通りの下に潜ってしまう。道路とあちこちでずれている、渋谷区と港区の境界線だけが、かつての流路の手がかりとなっている。また、暗渠沿いの古い住宅地も建て替えや高層化が進み、裏通りらしさも薄れつつある。しかし、本・支流のいずれも深い谷を流れていて、歩いてみればその地形は今もはっきりと感じられる。写真では本流のみを紹介するが、支流について整理しておこう。便宜的に旧町名などから仮称をつけた。【長者丸支流】南青山3―6近辺を水源とし、南青山4丁目の谷を東進する流れ。【根津邸支流】根津美術館の池などを水源とする流れ。【蛇が池支流】南青山1丁目にあった蛇が池を水源とし、青山墓地東縁を南下する流れ。こちらを本

⑤谷を越える青山橋　青山橋は、笄川本流の谷を越えて青山墓地の台地に架かる。笄川の谷は深く、谷底と台地の標高差は12メートル。左手の立山墓地は青山墓地に先立って明治5年（1872）に設立された神葬墓地だ。長者丸支流跡がその脇で合流していた（写真左側の路地）。

⑥六本木通り近辺の川跡　笄川本流は、やがて現在の六本木通りを越え南下していく。西麻布交差点に近いこのあたりは時代によって水路の変遷があったようで、水路が入り組んでいる。六本木通りにぶつかる近辺は昔からある道（右側）と暗渠の道が並行している。

流とする場合もある。【龍土町支流】六本木7―6近辺を水源とし、星条旗通りを西進する流れ。【高樹町支流】南青山7―12にあった高樹邸の池を水源とする流れ。【宮代町支流】聖心女子大学の北側境界の谷を東進する流れ。【有栖川宮支流】有栖川宮記念公園の池を源流とする流れ。いずれの支流も道路の形状などに川の痕跡が見いだせる。

写真・文／本田 創

⑦西麻布の笄橋跡　写真の十字路を右から左に笄川本流が流れており、正面の牛坂のたもとに笄川の名前の由来ともいわれる笄橋が架かっていた。写真手前からは、道に並行して龍土町支流が流れ、笄橋が架かっていたところで合流していた。

⑧暗渠沿いに残る緑　堀田坂より下流は渋谷区と港区の区界となって、外苑西通りと並行し下っていく。地下には幅３メートル余りの暗渠が通る。この区間は戦後しばらくまで開渠として残っていたようだ。暗渠沿いにはちょっとした土手に木々が茂り、かつての川の様子を彷彿させる。

⑨渋谷川との合流点　天現寺橋の下で笄川（右）は渋谷川（左）に合流している。ここより下流は渋谷区から港区に移り、渋谷川は古川と名前を変える。

Special Report 1

白金分水・玉名川・白金三光町支流を歩く

白金台に刻まれた歴史

白金台にある3本の流れ

JR恵比寿駅の東約1キロ、明治通りと交差する外苑西通りに架かる天現寺橋より下流では、渋谷川は古川と名を変える。そこから2キロほど下る間に、右岸の白金台からは、3本の小流が古川に流れ込んでいた。

まず、三田用水白金分水。山手線の外側を流れていた三田用水から取水し、国立科学博物館附属自然教育園に発する小川を合わせたのち、狸橋の近くで古川に合流していた。昭和初期に大部分が暗渠化されたが、川跡はかなり残っている。

次いで、旧町名・白金三光町を流れていた小川。この川は、東京大学医科学研究所と、旧国立公衆衛生院（現・ゆかしの杜）の間にある窪地にあった池が水源で、五之橋で古川にそそぐ。わずか1キロほどの川だが、都心部には珍しく、部分的にはっきりした暗渠が残る。仮に「白金三光町支流」とよぶことにしよう。

そして、白金台2丁目にあった「玉名の池」に発し、三田用水からの引水も加え流れていた玉名川。新古川橋で古川に注いでいたこの川は、流路そのものは大部分が消失しているものの、地形や旧跡に名残をとどめる。これら白金台の流れを順にたどってみよう。

白金分水は将軍の別荘の上水道

三田用水白金分水は、当初は古川北岸の港区南麻布4丁目付近にあった「白金御殿」（別名・麻布御殿）のために引かれた「白金上水」とよばれた上水路だった。白金御殿は、元禄11年（1698）、幕府の薬草園「麻布薬園」があった場所に五代将軍綱吉の別荘として造られた。白金上水は三田村の字銭瓶窪（目黒区三田1―6付近）で三田上水から取水。古川を掛樋（水道専用の橋）で越えていたと推定されている。しかし、御殿はわずか4年後に火事で焼失、白金上水も廃止された。

その後、三田上水が享保7年（1722）に廃止され、2年後に農業・灌漑用水として復活した際に、白金上水も灌漑用の用水

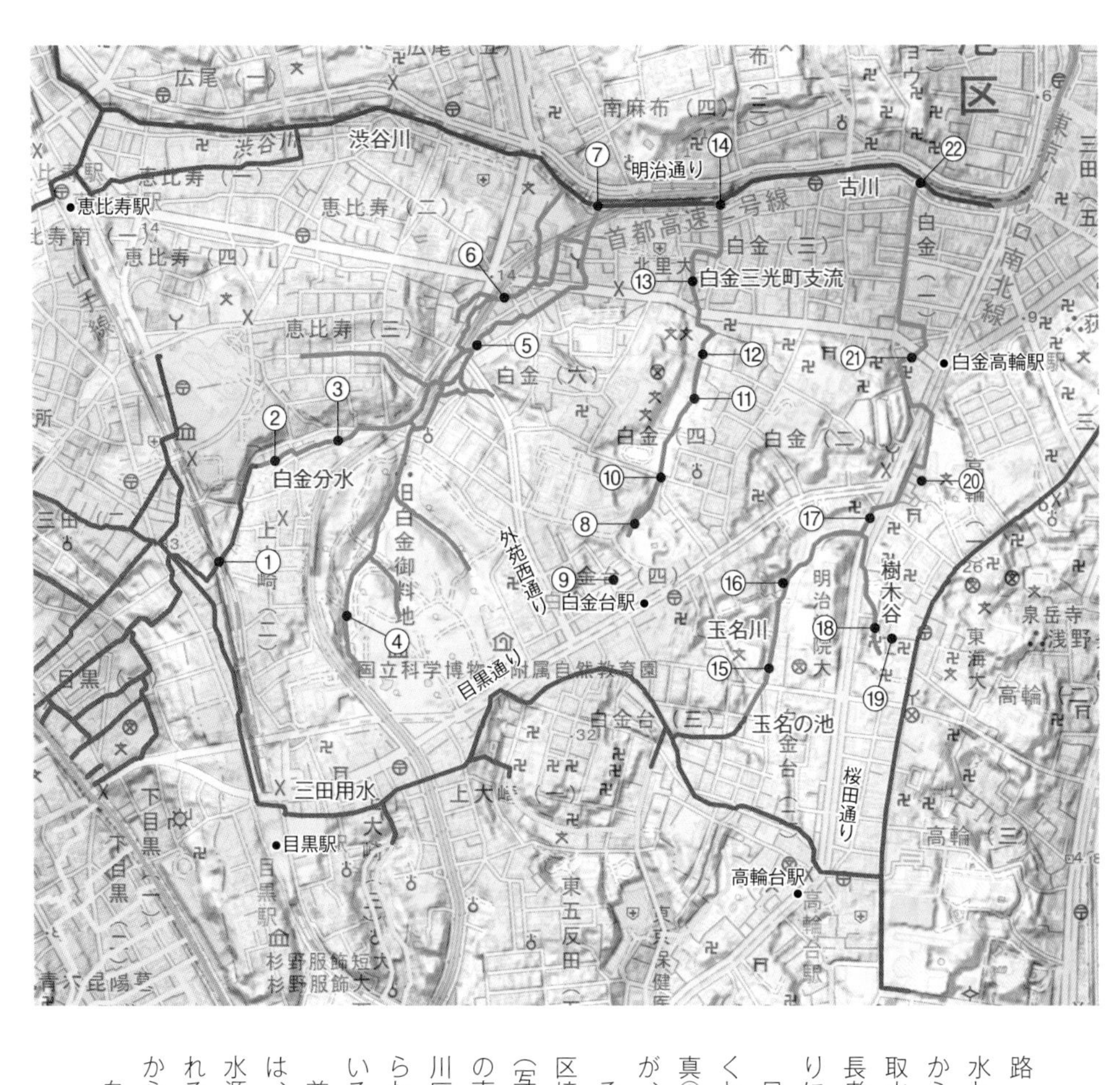

路「白金分水」（白金村・今里村・三田村分水とも）として復活。90センチ四方の分水口から取水され、流域の水田を潤したという。取水口は、現在の日の丸自動車学校付近で、長者丸踏切（品川区上大崎2―8先）のあたりに落とされていたようだ（写真①）。

目黒・品川区境となる谷底の道を下っていくと、暗渠が家々の隙間に突然姿を現す（写真②）。柵で囲まれて入れないように見えるが、途中に暗渠に通じる抜け道がある。

その先暗渠は、民家の裏手、渋谷・品川の区境を閉ざされた空間となって抜けていく。（写真③）なお、川と並行して一時期、都電の恵比寿長者丸線が走っていた（長者丸は品川区上大崎2丁目一帯の旧町名）。川跡と紛らわしいのだが、この路線跡の道路も残っている。

首都高をくぐり港区白金台に入った地点では、国立科学博物館附属自然教育園の湧水を水源とする小川が合流していた。上水が引かれる前、自然河川だった頃は、むしろこちらからの流れが本流だったのかもしれない。

自然教育園の敷地は、中世には「白金長者」

とよばれる豪族の屋敷で、敷地北側には土塁が築かれ、川はその下を流れ出ていた。江戸時代には増上寺の所領を経て高松藩松平家の下屋敷に、明治以降には旧軍の弾薬庫となり、戦後には全域が天然記念物に指定されて自然教育園に、という変遷をたどっている。水源の水生植物園を訪ねてみると、草は伸び放題、湿生植物があちこちで花を咲かせ、まるで高原の湿原の一角にでもいるような錯覚にとらわれる。園内の谷は三つに枝分かれしていて、それぞれから流れ出した小川は湿地帯を通り、一本にまとまって敷地の外に流れ出していく。湿地の小川は自然のままの姿でさらさらと流れ、かつての白金分水の姿を想像させる（写真④）。

自然教育園からは暗渠が続く

合流点に戻って、さらに下ろう。川跡らしき道路をたどっていくと、右手に石で蓋をされた暗渠が出現し、民家の裏手へと延びている。この付近は明治後期までは水田で、流路は複数に分かれ並行して流れていた。この暗渠はそのうちの一つの名残のようだ。

そして外苑西通りを横切り白金6丁目に入ると、見るからに暗渠の道が始まる（写真⑤）。そのカーブは明治期の地図上の流路とぴったり重なっている。暗渠の路肩に沿った大谷石は、かつての護岸の痕跡だろう。このあたりは1920年代後半に暗渠化され、下水道白金幹線として利用されている。その際に設置された立派な縁石に囲まれたマンホールや、内部を点検する際のために設けられた燈孔も路上に点在しており、白金分水の暗渠歩きのハイライト区間だ。

①

②

③

蛇行する暗渠の道はしばらく進むと、直線の道路に取り込まれてしまうが、北東側には同じように蛇行する、並行した分流の暗渠も短い区間ながら残る（写真⑥）。

本流の暗渠は白金北里通り商店街を越えると、ゆったりと曲がる道路となって北上していく。この一帯は、明治から大正にかけては湿地や沼となっていたというが、現在はその面影はまったくない。そして200メートルほど進めばそこはもう古川だ。狸橋の下流側に、合流口が残る（写真⑦）。狸橋のたもとには江戸時代、橋の名の由来となった「狸蕎麦」が営業しており、明治に入り廃業した際、福沢諭吉に買い取られ、別荘となった。その傍らの白金分水には直径3・5mの水車が架かっており、こちらも買い取られて「狸そば水車」と呼ばれていたという。今は何一つ名残はないが、水車が架かっていた風景を想像してみるのも面白いだろう。

深い谷を下る白金三光町の支流

白金分水よりも一つ東側の谷からも、小川が流れ出していた。戦前刊行の『芝区誌』では白金三光町の項でこの川を「この町の中央を東西に二分する渓谷が聖心女学院、伝染病研究所の構内に奥深く食い込んでいる」と紹介している。

先に記したように、川は東京大学医科学研究所と旧国立公衆衛生院の間の窪地にあった池から流れ出していた。医科学研究所は、明治25年（1892）、北里柴三郎が設立した「大日本私立衛生会附属伝染病研究所」が前身で、明治39年（1906）に現在の場所に移転した。1号館は、東大安田講堂などと同じ内田祥三（よしかず）の設計で戦前に造られたゴシック風の重厚な建物。隣接する旧・国立公衆衛生院もほぼ同デザインとなっている。大岡昇平の『幼年』には、この伝染病研究所に入院したときの様子が描かれている。

大正7年（1918）、アメリカから持ち込まれた食用ウシガエルのオス12匹、メス5匹が伝染病研究所の池に放たれ、そこで産まれた卵から日本中にウシガエルが広まったという。その池は、おそらくここだったのだろう。池は1970年ごろまで残っていたらしいが、現在は木々に囲まれた薄暗い窪地となっている（写真⑧）。

なお、この池よりやや西、白金台4―11付近の窪地にも、「悪水溜」とよばれた、下水を地面に染み込ませるための池があった。こちらは明治後期には埋め立てられ住宅地となっているが、付近にレンガ積の擁壁が残る（写真⑨）。

川の流れた谷は見事なV字谷となっており、白金4丁目と白金台4丁目の境目の道から望むと、その様子がよくわかる（写真⑩）。谷底左側が医科学研究所敷地、右側は聖心女子学院敷地）。

聖心女子学院の敷地内にも、戦前まで川沿いに池があった。正門を入ってすぐ右手、谷底にあるテニスコートのがその場所だ。当時を知る人によれば、「あのへんは昔は湿地でヨシが生えた沼があって、はまったら危険だから、生徒はあのエリアに近寄っちゃいけないと言われていた」「雨が降ると、すぐ水浸しになっていた」

⑦

⑧

⑨

とのことだ。

池を抜けた川は聖心女子学院の敷地の東側を北に流れていった。この区間は戦後しばらくの間は開渠だったようで、いまでも未舗装の暗渠となって残っている。写真⑪は下流側から見た様子。突き当たりが池だったテニスコートとなる。木々が生い茂り通る人もなく、谷底の秘境のような異空間だ。

聖心の北側には白金の丘学園の敷地が続く（写真⑫）。かつては明治生命の創始者・阿部泰蔵の屋敷地で、生い茂る庭木の間に石を配した庭園となっていてその中に川が流れていたというが、それはこの白金三光町支流のことなのだろうか。未舗装の暗渠はゆったりと蛇行しながらこの付近で谷から古川沿いへと出る。

北里大学から延びてくる三光通りを越えると、暗渠は民家の間をすり抜けていく。朝日中学校脇と同じく、タイル状のブロックの道だが、植木が並び、家々の勝手口が面した、生活感のある路地裏となっている（写真⑬）。

その後、暗渠は直角に曲がって、白金3丁目と5丁目の境である「五の橋通り商店街」道路下となり、そこからまっすぐ進んで五之橋のたもとで古川に合流して終わる。古川の護岸に、戦前の暗渠化時に設けられた丸い排水口が見える（写真⑭）。

白金三光町支流は短いながらも、地形や歴史に彩られた濃度の濃い暗渠といえる。

三田用水から水を引き込んだ玉名川

最後に玉名川をたどる。玉名川の水源「玉名の池」は、白金台2―1から2―3近辺にあった。江戸時代は山内遠江守下屋敷（のち南部遠江守下屋敷）だった場所で、もともとは湧水池であっ

24H
2,000円
オールタイム
20分/200円
15

16

17

13

14

たが、のちに、そばの尾根上を通る三田用水から字久留島（白金台3―7近辺）で水を引き入れていた。この付近の三田用水の断面は、史跡として保存されている。分水地点のやや上流には、三田用水に架かっていた今里橋の欄干が傷みながらも残っている。

玉名の池は明治時代に岡崎氏邸宅の鴨池となった。『芝区誌』には、「鬱然たる大樹の間にある鏡のやうな池には数知れぬ鴨の群が集まってきたのである」とある。現在は住宅地だが、窪地になっていて、池があったことがなんとなくわかる。

玉名の池の東側、白金台2―5付近の半田氏邸宅にも大きな池があった。こちらも玉名川の水源だったようで、戦後直後まで残っていたが、現在は駐車場となっている。

北に向かう川は、桜田通りと目黒通りを結ぶ道を桑原坂の下で横切り、明治学院大学敷地の西側の崖縁に沿って流れていた（写真⑮）。明治学院の卒業生である島崎藤村は、『桜の実の熟する時』で、明治半ばの玉名川の様子を「奥底の知れない方へ落ちていく谷川」と描写している。

川跡の道は、結婚式場や料亭、レストランなどで知られる「八芳園」に突き当たる。一帯は、大久保彦左衛門が晩年を過ごした屋敷だったと伝えられている。その後、松平家や島津家など大名家の屋敷地を経て、大正時代、日立鉱山の創始者の所有時に庭園がつくられ、戦後「八芳園」となった。玉名川の谷を利用した庭園には川を堰き止め池がつくられた（写真⑯。現在はポンプで揚水した地下水を利用）。川が池に流れ込む場所には水車もあったという。

現在、池の脇には短い小川が設けられている。その一角に石造りの水門の遺構らしきものがあったが、由来はよくわからない。古い地図を見ると、池から流れ出した川は現在のシェラトン都ホテル東京の場所にあった邸宅の池へとつながっており、その名残なのかもしれない。ホテルの庭にも、かつては玉名川の水を利用したであろう池が残っている。

「清正公」の前には玉名橋

玉名川は明治学院大学の西側から北側を回り込み、目黒通りと桜田通りの分岐点に位置する覚林寺の前を流れていった。この寺は「清正公」の名でも知られ、寛永8年（1631）、加藤清正を祀って開かれた日蓮宗の寺院だ。

覚林寺の前には、幅5メートル強、長さ2メートル弱の「玉名橋」が架かっており、ホタルの名所として知られた。現在の桜田通りのところにあった「名光坂」はこのことに由来する。寺の敷地は周囲より低く浸水しやすかったため、2004年に、本堂をまるごとずらして土地のかさ上げを行っている。このためか、川跡はまったく発見できない。ただ、敷地と桜田通りに挟まれてやや窪んだ細長い奇妙な空間が残っており、ここを流れていたのかもしれない（写真⑰）。

覚林寺の前では、現在の桜田通りの東側の谷から流れ出た小流が合流していた。この谷は、樹木谷ないしは地獄谷とよばれてい

⑱

た。一説には、斬罪場があったことに由来するとか。川は旧・二本榎本町の正満寺墓地にあった湿地帯を水源とし、旧・白金丹波町と旧・二本榎町の境を流れていた。高層マンションが建つ一角の裏手に、わずかに流路跡の路地が残る（写真⑱）。谷は急斜面に囲まれており、台地の上へと続く風情のある石段が残っている（写真⑲）。

玉名川は樹木谷の小流を合流したあと、いったん桜田通りの東側に流路を移す。この一帯は、古い住宅が建ち並ぶ窪地の中を路地が縦横に通っていて、下町の趣がある。水は豊富な土地のようで、現役のポンプ式井戸がいくつか残っている（写真⑳）。

桜田通り西側は、道路の下敷きになって川跡はほとんどなく、

⑲

高松中学校の西側境界の崖下の隙間だけにその痕跡をとどめる。学校構内南側には丘の斜面に高松宮邸の敷地だった時代からの森林が残っており、その麓には「血洗いの池」が水を湛える。熊本藩細川家下屋敷だった元禄16年（1703）、赤穂浪士のうち大石内蔵助以下17名がここで切腹した。その際に刀を洗ったという謂れのある池だ。

再び桜田通りの西側に戻った流路は、台地沿いの道に沿って流れたあと、立行寺の先で、なぜか旧老増町をコの字形に迂回し流れていた。松秀寺の門の脇には、石造りの小さな欄干や護岸跡らしき石積みが残る（写真㉑）。はっきりした遺物が少ない中、貴重な遺構だ。この北側にも、アパートの前の不自然な庭として

水路跡の空間が残る。

その後流路は再び立行寺前の道沿いに戻り、北上する。道はかつて白金志田町と白金三光町の境界となっており、川はその右側に沿って流れていたようだ。

そのまままっすぐ進むと、合流点である新古川橋に到着、橋の下には四角い排水口が確認できる（写真㉒）。

白金台にかつて流れていた3本の川筋は、今はいずれもその姿を消していて、痕跡も断片的だ。だが、現代の薄皮をはがして来歴を紐解き、残された痕跡をつなぎ合わせれば、その姿をおぼろげながら再構成できる。

写真・文／本田 創

⑳

㉑

㉒

II

東京の中心部を流域にもつ代表的な川

神田川支流の暗渠

井の頭公園の池を源に、多くの支流を集める

神田川と聞いて、多くの人が思い浮かべるのは、昭和の名曲として知られるフォークソングの「神田川」ではないだろうか。あの曲には「銭湯」が登場するが、それは昭和という時代的背景から考えても、また川とのつながりから考えても必然だった。というのも、銭湯のような「水」を大量に使う商売は川のそばで営まれたからだ。つまり、神田川の風景を描いたあの曲には、時代の記憶だけでなく、土地の記憶も刻まれていたのだ。

その神田川は、都心部を東西に貫く、流路約25キロの河川。水源は意外に知られていないが、井の頭(いのかしら)公園にある井の頭池だ。そこから杉並、中野、新宿、豊島、文京、千代田、中央、台東の区内や境界を流れ、両国橋のたもとで隅田川へと注ぐ。まさに東京を代表する河川の一つであり、だからこそ東京の記憶を今に伝える貴重な証人といえる。

現在は河川名が水源から河口まで神田川で統一されているが、それは昭和になってからのこと。江戸時代より前は平川（ひらかわ）とよばれた。江戸から昭和初期までは、源流から江戸川橋までを神田上水、江戸川橋から飯田橋までを江戸川、飯田橋から河口までを神田川と称していたという。

主な支流には、井の頭池の北西約2キロの善福寺（ぜんぷくじ）を源とする善福寺川、その東約2キロの妙正寺（みょうしょうじ）池から流れる妙正寺川がある。神田川とこの2本の川は、水源から河口までほとんどすべてが開渠だ。だが、このほかの比較的小さな支流は、都市化にともなって暗渠となっている河川が数多い。そのうち、この章で取り上げる代表的な支流を、掲載順に挙げていこう。次ページの地図も参照していただきたい。

杉並区の天沼（あまぬま）弁天社にある弁天池から、大久保通りと交差する末広橋で合流した①桃園（ももその）川。西武新宿線井荻駅周辺を流れ、妙正寺池に注いでいた②井草（いぐさ）川。西武池袋線練馬駅の南方を大きく蛇行しつつ、下流部は開渠となって妙正寺川に合流した③江古田（えごた）川。この三つの流れは、流域の北西部に位置している。

それぞれＪＲ池袋駅の西と東から流れ出し、護国寺から並行しつつ江戸川橋で神田川に注いだ④弦巻（つるまき）川と⑤水窪（みずくぼ）川。新宿・歌舞伎町付近から北東へ伸び、江戸川橋下流で合流した⑥蟹（かに）川。新宿区富久（とみひさ）町あたりから靖国通り沿いに飯田橋まで流れていた⑦紅葉（もみじ）川。豊島区要町に発し、大きく蛇行して板橋をへて、千川通りに並行して水道橋まで流れた⑧谷端（やばた）川（下流部では小石川）。下町情緒あふれる本郷・菊坂に沿って流れ、小石川に注いだ⑨東大下水（ひがしおおげすい）の菊坂支流（きくざかしりゅう）。これらは、そのほとんどが山手線内を流れていた川である。

京王線明大前駅付近から流れ出し、都庁の西で神田川に合流していた⑩神田川笹塚支流（和泉（いずみ）川）。善福寺川の支流で、ＪＲ西荻窪駅の西に端を発する⑪松庵（しょうあん）川。この2本は、神田川流域の南西部を流れていた。

これら各支流の川跡は、地形にしても、街の雰囲気にしても、それぞれが個性的な表情を見せている。ぜひ散策して、その魅力にふれていただきたい。

文・樽永

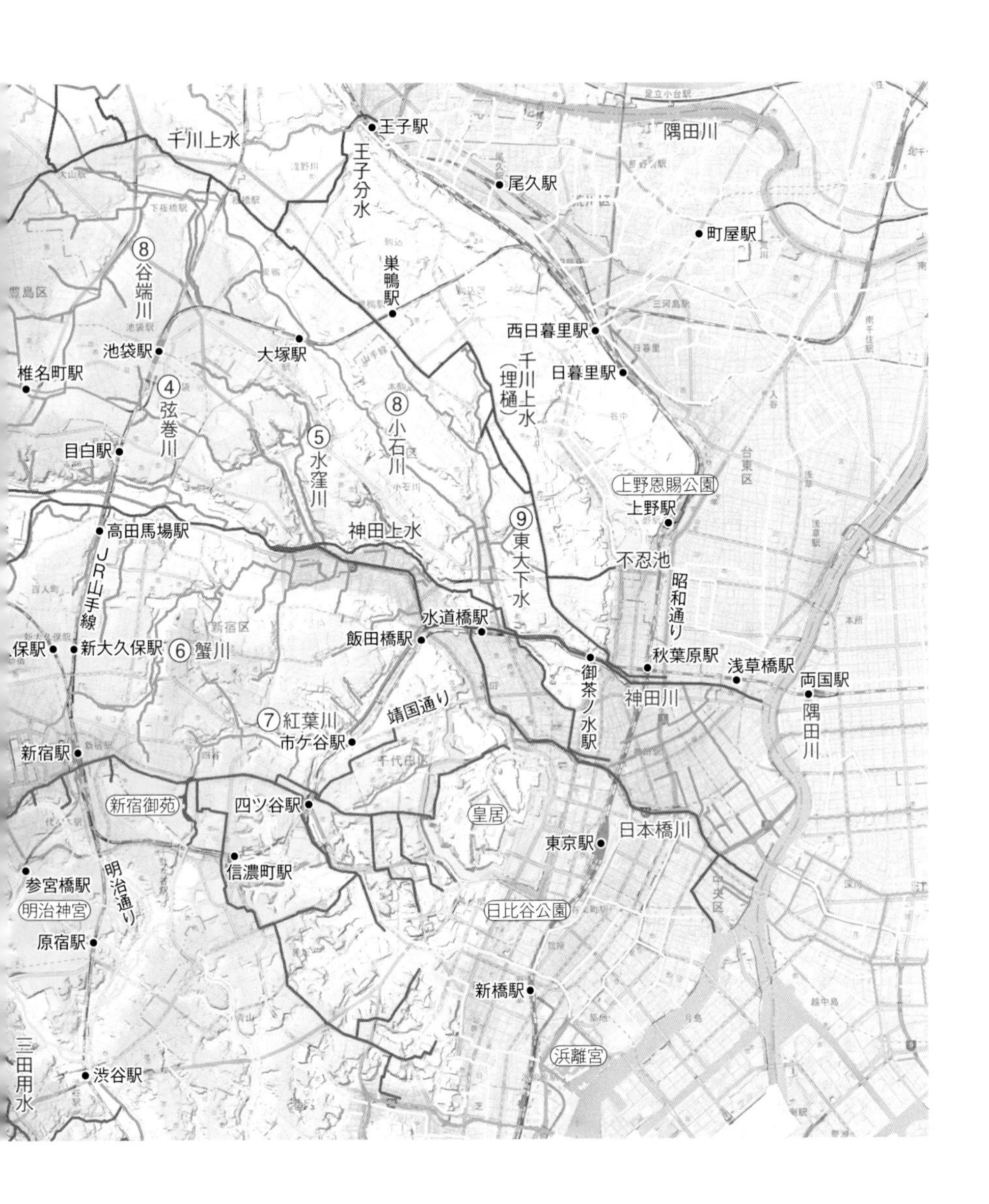

王子駅
千川上水
王子分水
隅田川
尾久駅
町屋駅
⑧谷端川
豊島区
巣鴨駅
西日暮里駅
池袋駅
大塚駅
千川上水（埋樋）
日暮里駅
椎名町駅
④弦巻川
⑧小石川
⑤水窪川
目白駅
台東区
上野恩賜公園
上野駅
⑨東大下水
神田上水
高田馬場駅
不忍池
JR山手線
昭和通り
水道橋駅
飯田橋駅
新宿区
保駅
新大久保駅
⑥蟹川
秋葉原駅
浅草橋駅
御茶ノ水駅
両国駅
神田川
隅田川
⑦紅葉川
靖国通り
市ケ谷駅
新宿駅
新宿御苑
四ツ谷駅
皇居
日本橋川
東京駅
信濃町駅
参宮橋駅
明治通り
明治神宮
日比谷公園
中央区
原宿駅
新橋駅
浜離宮
三田用水
渋谷駅

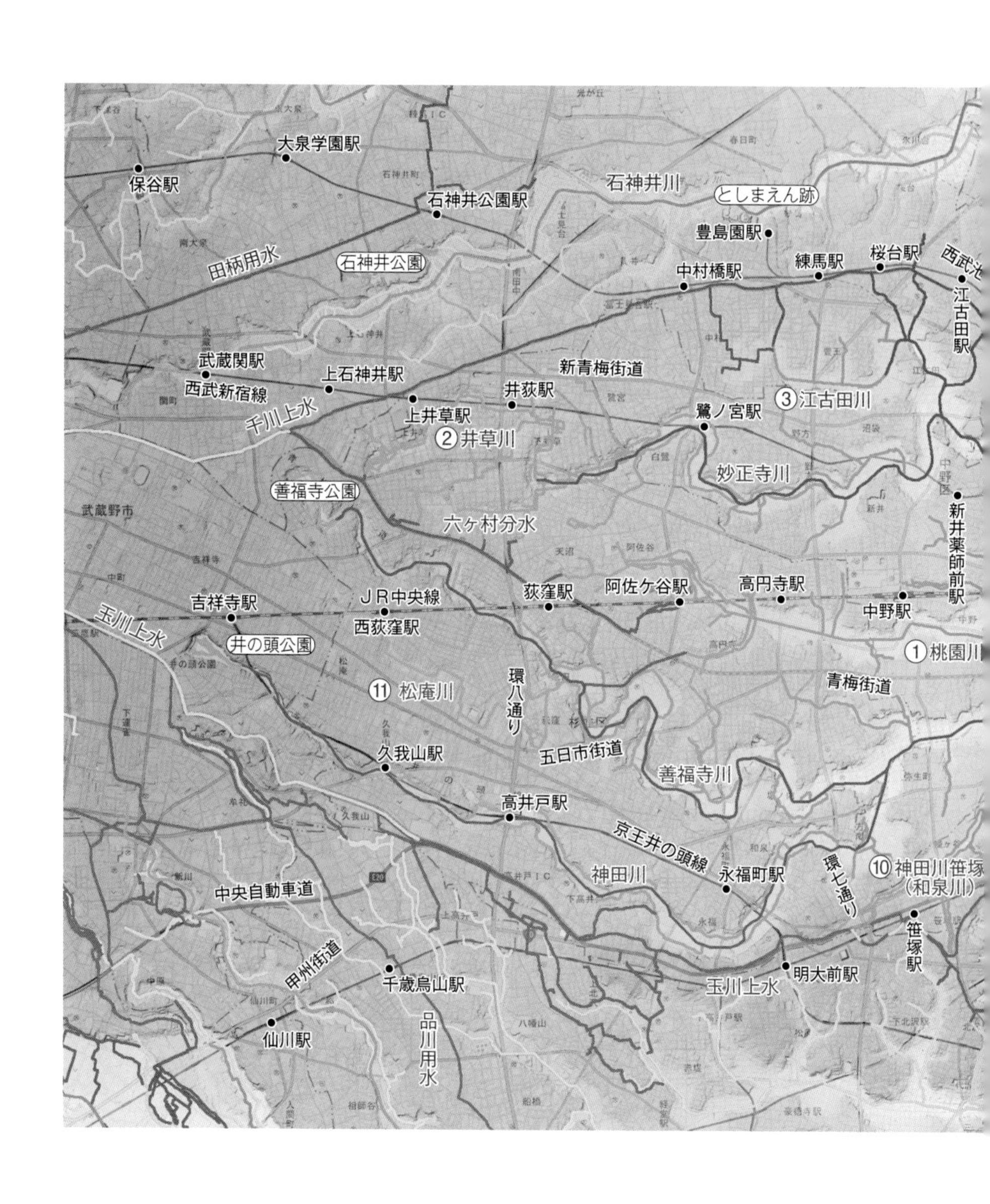

大泉学園駅
保谷駅
石神井公園駅
石神井川
としまえん跡
豊島園駅
田柄用水
石神井公園
中村橋駅
練馬駅
桜台駅
江古田駅
武蔵関駅
上石神井駅
新青梅街道
西武新宿線
井荻駅
上井草駅
③江古田川
千川上水
鷺ノ宮駅
②井草川
妙正寺川
善福寺公園
武蔵野市
六ヶ村分水
新井薬師前駅
吉祥寺駅
JR中央線
荻窪駅
阿佐ケ谷駅
高円寺駅
中野駅
玉川上水
西荻窪駅
井の頭公園
①桃園川
⑪松庵川
環八通り
青梅街道
五日市街道
久我山駅
善福寺川
高井戸駅
京王井の頭線
環七通り
⑩神田川笹塚(和泉川)
神田川
永福町駅
中央自動車道
笹塚駅
甲州街道
千歳烏山駅
明大前駅
玉川上水
仙川駅
品川用水

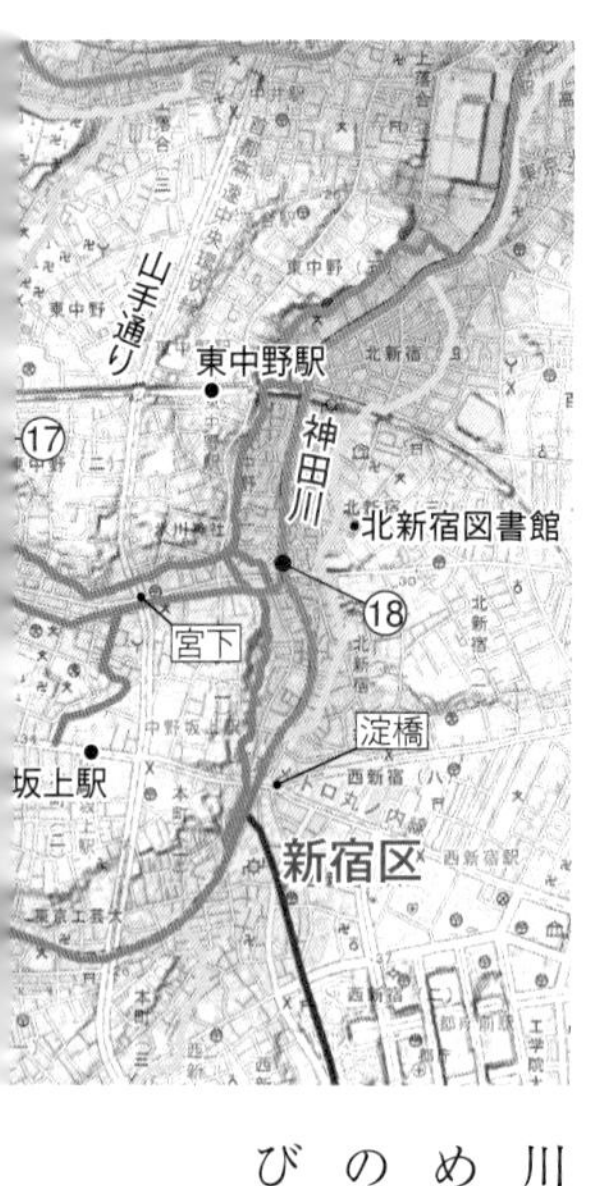

①天沼弁財天の名残　天沼周辺は、かつては地下水位が高く、複数の湧水池があった。天沼弁天池の中央島に祀られていた弁天堂は、中にいた弁天様もいなくなり、今や路傍に佇むばかり。

1 桃園川

かつて八代将軍徳川吉宗がモモを植えさせたという桃園の地を流れていたこの川は、そのかわいらしい名前とは裏腹になかなかのお転婆娘である。一時は暴れ川だったそうで、近隣の方が「(水害時は)腰まで水が来たんだよ」と顔をしかめながら昔話をされることもある。けれど、彼女が暴れるのには理由があった……。

明治期の地図を見ると、桃園川は田圃の中を数本に分かれてゆったりと蛇行し、まるで絞られた雑巾のような形をしている。流域は甲武鉄道敷設当時、駅の必要性をバカにされるほどの田舎だったが、関東大震災以降移り住む人が急増した。桃園川は宅地開発のために1本に改修され、住宅地の中を窮屈そうに流れることとなった。それから二十数年、狭い川底に耐えきれない桃園川はしばしば氾濫し、また、下水を流されたためホタル舞う清流はあっという間に汚れた。そして昭和30年代、桃園川の暗渠化が決まったのだった。当時の新聞からは、暗渠化への期待と喜びが伝わってくる。

今、改修後の桃園川本流は主として桃園川緑道となっている。しかし、

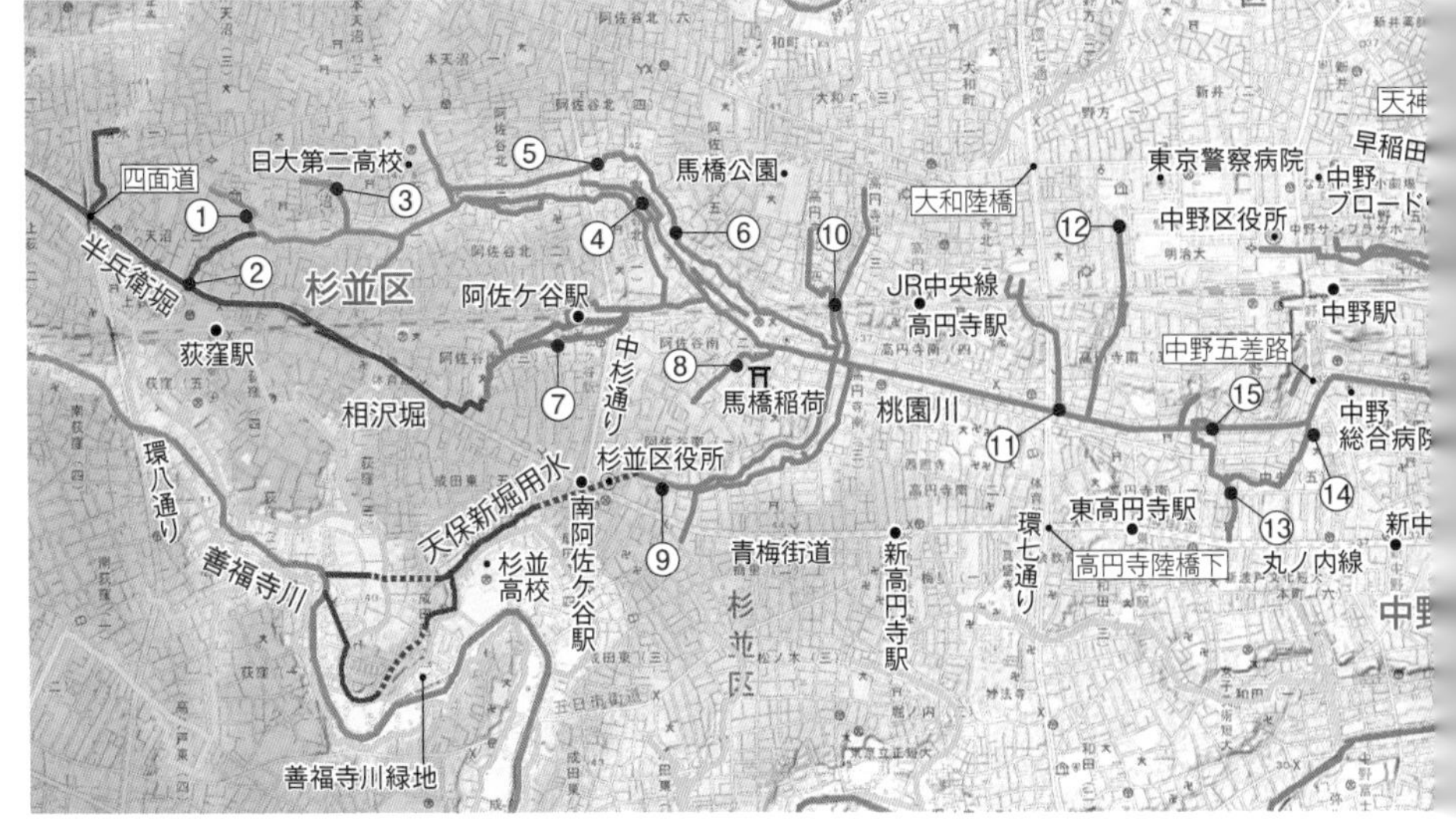

かつての奔放な流れの跡も実はあちこちに見つけることができる。桃園川歩きの楽しみは、むしろこういった脇道探索にあると筆者は思う。美しいコンクリート製の蓋暗渠が地を這うのは、そしてめくるめく宝探し感を味わえるのは、支流や旧流路の暗渠であるからだ。そんなわけで、支流なども絡めつつ、桃園川を下っていこう。

②半兵衛・相沢堀の追分　千川用水の分水が、青梅街道沿いに流れていた。『荻窪風土記』（井伏鱒二著）にはここが汚いドブとして登場する。この追分より上流を半兵衛堀、下流を相沢堀という。

③天沼2丁目支流（仮称）　天沼にはいくつかの支流暗渠が見られ、脇道にそれるとミニ橋や護岸まで残っている（a）。もっとも、近所の方々の記憶では「ところどころに板の橋を渡したドブ」でしかないのだが。工事が入り、2020 年現在の姿はこう（b）。

④**阿佐ヶ谷暗渠ラビリンス**　ふと子どもの頃に入った遊園地のアトラクション“迷路”を思い出した。高い塀に囲まれた薄暗い蓋暗渠が、大人の冒険ごころをくすぐってくる。阿佐谷北は、ほかにも旧本流や支流の蓋暗渠が断片的に残っており、まさにラビリンス。

水源は荻窪、天沼弁天池である。往時は豊富に水の湧く大池だったが、しだいに枯渇し埋められた。現在は公園の片隅に人工池がある。大正までは流域で稲作が行われており、桃園川は貴重な用水路だったが、源泉だけでは水量が乏しいため宝永（ほうえい）4年（1707）に千川用水から引水（尽力者の名を取り半兵衛・相沢堀という）し、青梅街道を経由した二つの流れが桃園川に注ぐようになった。うち一つの痕跡は桃園川の上流端に接続する遊歩道となっている。

さて、天沼から静かな遊歩道を歩いていくと、右に左に支流暗渠を確認できる。遊歩道は中

⑤**北側流路**　杉並名物暗渠サイン、金太郎の車止めが堂々と立っているこの暗渠は、桃園川が数本に分かれて蛇行していた時代の名残で、阿佐谷地区に多く残っている。天沼で分岐したこの流れは、高円寺まで本流の北側を並走する。本流とはまた異なる景色が味わえる。2021 年、工事が入り風景が変わった。

⑥**玉の湯参道**　コンクリート蓋の上を歩いていると、目の前に銭湯が見えてくる。あたかも参道のようではないか。かつて桃園川沿いには今の何倍もの銭湯があった。排湯が落とされていた桃園川やその支流では、冬には湯気が上っていたりしたのだろうか。

⑦**相沢堀**　相沢堀のほとりにあるこの釣り堀「寿々木園」は、日本閣の前身である東中野の釣り堀が移転してきたもの。昔は川の水をオーバーフローさせていたという。すぐ下流は川端通りといい、今は飲み屋がひしめいている。

⑧**馬橋稲荷支流（仮称）**　阿佐谷南２丁目で十字路の隙間をのぞくと、神々しいコンクリート蓋暗渠が出現する。阿佐谷東公園付近から流れ出し、馬橋稲荷神社をかすめる支流だ。神社脇にもかつて池があり、その水も合わせて桃園川に流れ込んでいたそうだ。境内には水神様も祀られている。

⑨**天保新堀用水**　天保新堀用水の暗渠上には、細長い児童遊園がある。暗渠化が進んだ昭和40年代、近辺は急速に人口が増えるいっぽうで公園が不足していた。この暗渠上にできた住民期待の遊び場は、子どもたちでさぞ賑わったことだろう。しかし、残念ながら遊具は、老朽化により少しずつ消えてゆく。このすべり台も現在は撤去されている。

杉通りまで続き、阿佐谷北で途切れる。JR中央線阿佐ヶ谷駅近辺はかつては湿地帯だった。そのうえ、駅まで前述の相沢堀が合流してくるため、北にも南にも暗渠が多く、地図を見ると軽く眩暈（めまい）がする。しばし迷子のようになり、中央線ガードを越えると桃園川緑道の入口が現れる。視界がひらけ、草木に囲まれた麗（うら）らかな暗渠道が始まる。

高円寺に向かっていくと、北から双子のような支流、南から馬橋稲荷（まばしいなり）神社の横を通る支流、さらに、最大支流といえる天保（てんぽう）新堀用水が合わさる。天保の飢饉（ききん）で深刻な水不足となったため、善福寺（ぜんぷくじ）川から取水し既存の水路につなげたものが天保新堀用水だ。青梅街道を素掘りの暗渠でくぐるという大がかりな、また最初の水路が崩壊し別ルートでやり直すという難儀な工事であったという。前述の半兵

⑩**高円寺の双子川**　JR 阿佐ヶ谷駅から高円寺駅に向かう高架下を歩いていると谷を感じる。赤い車止めに守られた、アンキュチュアリ。左手を見れば、コンクリート蓋暗渠に二連続で出会う。西の流れは馬橋公園から、東の流れは高円寺北 3-36 あたりから流れ出していた。

⑪**支流への誘い**　緑道からこのように延びる小径は、支流暗渠である可能性が高い。階段を下り、わずかな逍遥を楽しむのはどうだろう。ここは座・高円寺あたりで湧いた水が、鉄道工事でできた三角池などの水を合わせて流れ込んでくる場所である。

⑫**たかはら支流（仮称）**　たかはら公園脇を通るこの支流は、短いが濃い。ほんの数歩で素材や塞ぎ方ががらりと変わる七変化暗渠なのだ。水源は高円寺北１丁目、甲武鉄道工事時にできた湧水池であり、この流れを使って缶詰製造が行われていたという。写真は源流部の以前の姿。現在は整備され立入不可となっている。

⑬**水車坂**　以前は西町天神から区界に沿って流れがあった。現在は蓋をされたうえに、家々に阻まれて暗渠自体もほとんど見ることができない。途中のこの位置に水車があったため、水車坂とよばれていた。

⑭**かうしん橋**　大正 13 年（1924）製の橋の欄干が、まるで奇跡のように残っている。ここは桃園川の旧本流で、幅広の浅瀬で洗い場があり、付近の農家が大根や桶を洗ったり、子どもたちが川で魚やカエルをとって遊んだりしていた。

⑮**杉並中野区境**　杉並と中野で緑道のデザインが異なっている。厳密にいうと区境は僅か数 m 手前ではあるが。緑道に向かっておりてくる区境の道もまた川跡で、南は西町天神からの流れ、北では小さな崖下で湧いた清水が小川をつくっていた。なお、中野区では桃園川を中野川、宮園川とよぶこともあった。

⑯三味線橋　橋名の由来は、道行く人が三味線の音を合図にひと休みした、三味線弾きがここで川に落ちたなど、諸説ある。本流沿いにしては珍しく店が見えるので、現代版の三味線橋でのひと休みに使ってもいいかもしれない。

⑰天神川　江戸時代に中野にあった犬小屋“御囲”（おかこい）で湧いた水がサンモールを横切り、打越天神の池の水を合わせ、桃園川に注いでいた。御囲の湧水で犬を洗ったという話も伝わる。

⑱合流口と桃園サイダー　流末にたどりつくと、今まで姿を見せなかった桃園川と少しだけご対面できる。中野発の「桃園サイダー」を味わいながら、昔の風景に思いをはせてみるのはいかがだろうか。

衛・相沢堀しかり、そんなふうにいろいろな川と苦労に支えられ、桃園川は成り立っていた。

環状七号線（環七）を貫流した先、左岸から支流が2本やってくる。桃園川は中央線の周辺を右往左往する川だが、中央線の前身である甲武鉄道の工事用土砂採取跡から水が湧いたというエピソードが散見される。この支流たちも、そのようにしてできた池の水が流れてくるものだ。もし鉄道がここを走らなければ、あるいは違う場所が穿（うが）たれていたならば、流れは異なっていたことだろう……。

中野区に入ると、暗渠の装いが一変する。中野区ではコンクリート蓋が見られないいっぽうで、立派な橋がいくつも残っている。緑道沿いに歩けば宮園橋や桃園橋、少し外れると「かうしん橋」と、いずれも重厚な石橋が残る。桃園川はJR中野駅付近で二度大きく屈曲し、中野サンプラザのほうからやってくる天神川や、神田川から取水し伏見宮別邸跡下を通る小淀川などを合わせる。そして、末広橋付近で神田川に合流していた。

ほかにも、暗渠らしいと思ってはいるが根拠が弱いために今回はふれていない流れがいくつもある。このように、桃園川はほかの河川や湧水と複雑に連結しており、歴史的背景も流路も簡単には読み解けない。お転婆娘は、とても奥深いのだ。

写真・文／吉村生

2 井草川

①切通し公園の直下　井草川の水源、切通し公園から暗渠の道が始まり、公園を出たところですぐに二手に分かれる。

妙正寺(みょうしょうじ)川の支流、井草(いぐさ)川は約3・5キロの流路をもつ。水源から真東約2キロに位置する妙正寺川との合流点まで、北へ大きく蛇行して下っていく。

杉並区上井草4―3にある切通し公園が水源地だ。昭和10年(1935)ごろまでは、ここの湧水は水量豊富だったという。その南西700メートルには、善福寺川の始点となる善福寺池がある。わずかな距離だが、間に尾根筋が存在するために、別の水系になっている。

切通し公園を出てすぐ、川筋の道は二手に分かれる。右へ進むと、都立杉並工業高校のグラウンド南側に暗渠が続く。途中で行き止まりとなるが、流れは先へ延びているはずだ。

左へ進むと、グラウンドに行く手を阻まれるので、校舎の北側へ回って三谷(さんや)公園へ。ここから東へ向かって、川跡に設けられた井草川遊歩道が始まる。なお、公園を出るか出ないかというところで北からの細い道と出合うが、これも暗渠の道。さかのぼると、

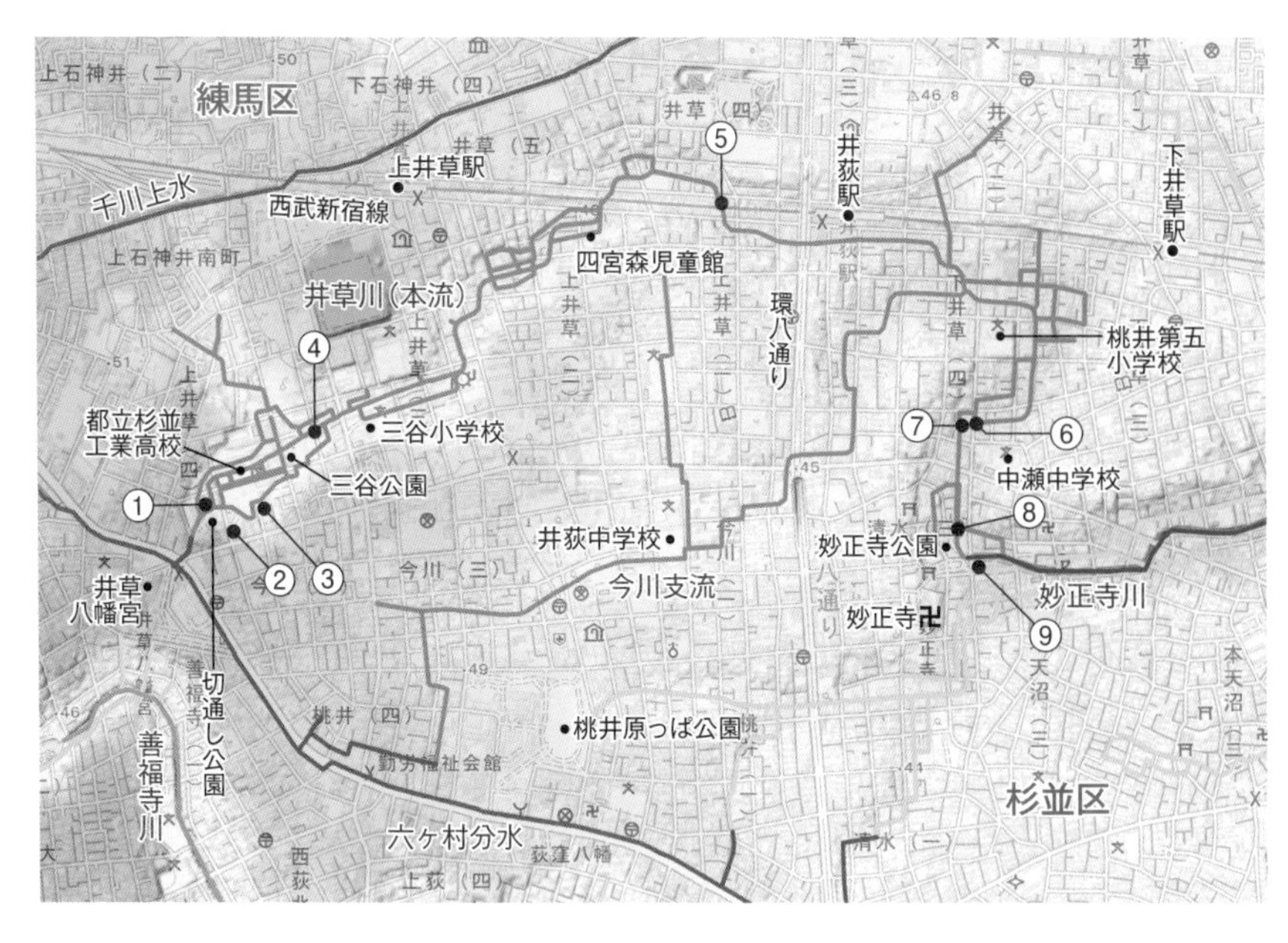

杉並区が暗渠道の車止めに用いる「金太郎の看板」に出くわす。

遊歩道は、街の区画に合わせるかのようにジグザグに伸びている。これは、流れに人の手が加えられていることを示している。とはいえ、地表の凸凹を見ると、やはり低い場所を流れていたのがわかる。上井草4丁目から北東へ向かって3丁目、2丁目と律儀に進み、四宮森(しのみやもり)児童館の北で西武新宿線にぶつかる。遊歩道は途切れるが、線路の向こう側でその先がまた遊歩道になっている。

最寄りの踏切を渡るとき、川のあるあたりを見てみると、やはりそこは低くなっていることに気づく。線路の北側に設けられた遊歩道を200メートルほど東進すると、再び西武線をくぐって南側へ出る。そこから東進しはじめる遊歩道は、環状八号線（環

②公園と高校の間の道　道路の左手に切通し公園があり、低くなっている部分の右手が都立杉並工業高校のグラウンドだ。弧を描く白い路側帯で高低差がわかる。

④**三谷公園を出る** 高校の東側にある三谷公園を出ると、井草川遊歩道が始まる。この先、一般道に面している部分には、すべて車止めが設置されている。

⑤**鉄道に架かる橋** 西武新宿線とは2カ所で交差するが、これは井荻駅寄りの橋。確かにここには川が流れていたのだと実感する。

③**高校グラウンドの南** グラウンドの南縁に、ジグザグの暗渠の道が続いている。近所の家で育てているらしい鉢植えなどの植物が茂る。この先で道はフェンスに阻まれてしまう。

八通り）を越えると「科学と自然の散歩みち」ともよばれる。この暗渠の道が同地在住のノーベル物理学賞受賞者・小柴昌俊博士の散歩道だったことにちなむもので、終点の妙正寺公園にいたるまでに、ビオトープや岩石園など、道の両サイドに自然科学への関心を高める施設が配置されている。

下井草4―26で、遊歩道は二手に分かれる。右は南を流れていた支流の暗渠を遊歩道にしたもので、この支流は環八通りを越えた今川地区一帯の水を集めていたようだ。

左が本流のルートだ。本流は、再びジグザグと南へ向かう。岩石園のある中瀬（なかせ）児童遊園から先は、一直線で妙正寺公園にぶつかる。妙正寺川と合流していたのは、公園の敷地内だったようだ。公園東側の落合橋の下に、大きく

⑥**橋のモニュメント**　かつて川にかけられていた橋があった場所。銘板が入ったモニュメントが設置されていた。暗渠の道は住宅地の中を続いていく。

⑦**中瀬児童公園**　さまざまな種類の石にふれられる岩石園が一角を占める公園。妙正寺公園の真北にあり、川の終わりももうすぐ。

⑧**井草川遊歩道の終点**　あるいは始点なのかもしれないが、川としては終わりの部分に当たる。井草川は妙正寺公園内を南に流れていき、妙正寺川と合流する。

⑨**妙正寺川の始まり**　妙正寺公園の東側にある落合橋のたもとから撮影。この川の延長線上に妙正寺池がある。

開いた妙正寺川の始点がある。

主に農業用水として利用されていた井草川だったが、やはり周辺の宅地化によって昭和30年代に暗渠化が進み、30年代末にはすべての流路が暗渠になったという。

写真・文／樽永

3 江古田川（上流域）

練馬区から流れ出し、中野区で妙正寺川に合流する江古田川の流路はわずか約3・5キロ。とても短い川だ。練馬区内の上流部分が暗渠となっている。中野区内では、コンクリート護岸になっているものの、今も開渠である。なお、練馬区内では、旧中新井村を流れていたことから、中新井川とよばれている。

水源地は、現在の練馬区豊玉南3丁目、学田公園のあたりだ。ここにはかつて中新井池という溜め池があり、一帯は沼地のような状態だったそうだ。ここから南に向かって川が流れ出し、あたりの水田を潤していた。しかし、江戸時代後期には水量が減少したため、北を流れる千川上水から700メートルほどの流路を造って水を引いたという。この部分の名称は中新井分水（上新街分）である。水路跡は今も残っていて、一部はいかにも暗渠らしい雰囲気の漂う細い道だ。しばらく進むと、ケヤキ並木の太い道路につながり、車道とし

①千川上水からの分水地点　千川上水が流れていた千川通り。その豊玉北6丁目交差点から西へ2本目の細い路地。これが中新井分水（上新街分）の跡だ。

②暗渠らしい細道　ビルや家の間をわずかに蛇行しながら、分水路跡の道が伸びている。だが、この区間は200メートルほどと短いのが残念。

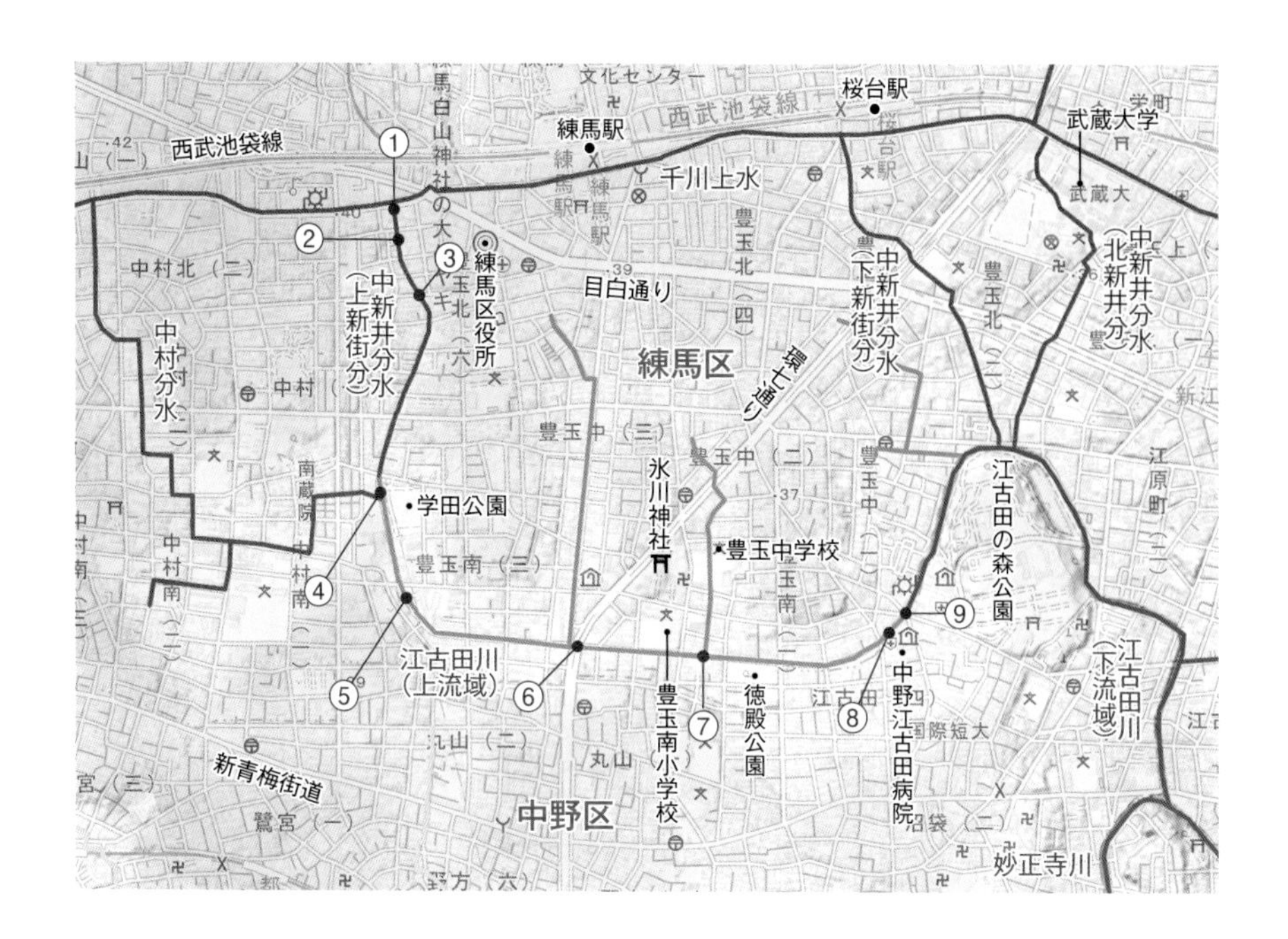

④**学田公園の前**　もともとの水源地であった学田公園は、写真左手になる。ここから南に向かって江古田川は流れていた。公園には広いグラウンドがあるほか、道路脇のスペースには子ども用遊具が設置されている。なお、学田公園のところには、西から中村分水が流れ込んでいた。

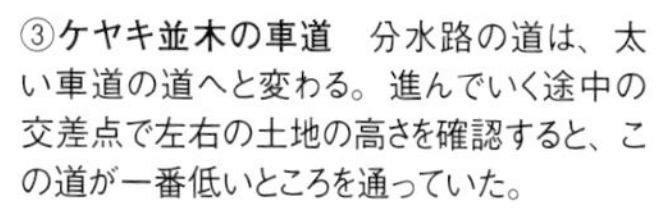

③**ケヤキ並木の車道**　分水路の道は、太い車道の道へと変わる。進んでいくと途中の交差点で左右の土地の高さを確認すると、この道が一番低いところを通っていた。

て整備された区間になる。ここから開渠部までは、「中新井川緑道」と名づけられている。

なお、学田とは、「学校の田んぼ」という意味だそうだ。明治初期に創設された小学校の運営資金をまかなうために、ここを学校田にした。昭和15年（１９４０）ごろ、この地域の土地区画整理事業が成ったときに田んぼはなくなったようだ。以後、しだいに周辺の宅地化が進み、農業用水に使われていた川には、生活排水が流れ込むことになる。田んぼの土地は、昭和30年ごろに公園になったという。

流路をたどって学田公園から南に向かうと、その道は緩やかに東へ向きを変えはじめる。ここからは車は入れない。サクラの並木が続き、遊具やベンチが据えつけられた空間で、付近の人たちの憩いの場になっている。

東に向いた川跡は、再び車道となる。だが、中央分離帯の植え込みがあるので、やはり特殊な道という感じがする。

環状七号線（環七通り）を越え、さらに進むと、右手に徳殿公園がある。この公園には、水源地の田んぼが学田公園に変身することになった土地区画整理事業の完成を記念する、大きな区画整理碑が立っていた。地図を見ると、流路の一帯

⑥環七を越えて 環七通りを横切った先の江古田川を、歩道橋の上から撮影。中央分離帯が設置された広い道になっている。川はさらに東へ進む。

⑤川跡の公園スペース 南下してきた川が東へ向かうカーブの地点は、中新井川児童遊園になっている。なお、ここは練馬・中野の境界にほど近く、1～2ブロック南に行けば、中野区に入る。

は、その外側に比べて区画が整然としているのが瞭然だ。大事業だったろうから、大きな碑を立てたくなったのも理解できる気がした。

道が北に向きはじめてまもなく、中野江古田病院北側の暗渠は、よく見かける公園風に整備された空間になっている。区間は短く、50メートル余りだろうか。

そこを抜けると下徳田（しもとくでん）橋で、以降の流れは開渠になる。しばらく北上し、江古田の森公園を回り込んで蛇行しつつ南下、妙正寺川と合流して江古田川は終わる。

写真・文／樽永

⑨江古田川の開渠部分　下徳田橋の上から撮影。三面をコンクリートで固められ、河床中央に切られた溝をわずかな水が流れていた。それでも、大雨のときはあふれんばかりになるのだろう。

⑧暗渠の終点　中野江古田病院の北側、ここで江古田川の暗渠区間が終わる。アーチを架けるなど、都市の公園風に整備されている。

⑦住宅街の暗渠の道
徳田公園のあたりに、北から合流する流れが1本あった。いかにも暗渠らしい細い道が、途中までだが、まっすぐに伸びている。

4 弦巻川

①池袋駅西口の丸池跡　メトロポリタンホテルのある一角に立つ、「池袋地名ゆかりの池」の石碑と人工の小さな泉。しかしその水は枯れている。地名との関連性も最近では否定されている。

②蛇行する暗渠の道　寺社や学校の多い静かな町を暗渠はゆったりと蛇行しながら南東へと下っていく。

ＪＲ池袋駅西口、現在ホテルメトロポリタンなどが建つあたりに、かつて「丸池」と呼ばれる湧水池があった。その水を主な源流としていたのが、弦巻川である。弦巻とは川が蛇行していたり、水流が渦巻いている様子を表す地名として各地に点在しており、弦巻川の由来もこれによるものだろう。上流部は「布引川」とも、また護国寺以南は、並行する水窪川とあわせて「鼠ヶ谷下水」ともよばれていた。下水といっても「下水道」ではなく、上水に対応する名称であり、かつては豊富な湧水による澄んだ流れを誇っていた。水源の丸池周辺は明治末までは長閑な風景が広がり、月の名所であったという。池の北西方の微低地に発した弦巻川は池の水を加えて流れ行き、池より下流には川沿いに水田が続いていた。

丸池一帯は大正時代には成蹊学園の敷地内とな

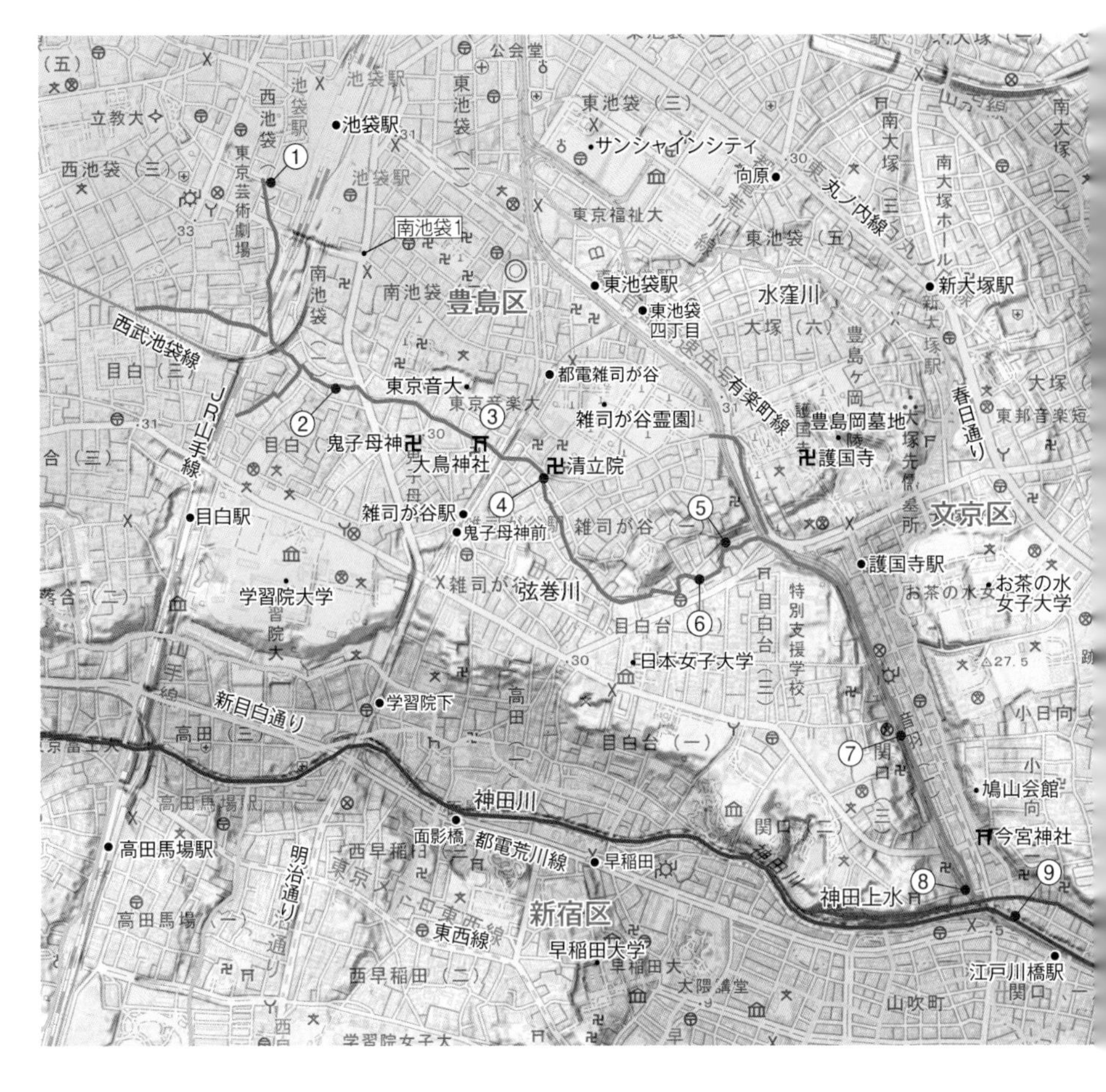

③暗渠化記念碑　大鳥神社の境内の、弦巻川の暗渠化を記念する石碑。弦巻川の水質が悪化して伝染病の原因となったりしたため、昭和７年（1932）に暗渠化した旨が記されている。なお、同じ年に都電荒川線のこの近辺の区間が開通した。

⑤川跡の断片
弦巻川中流部は、暗渠化された際に現在の弦巻通りの形に流路を整理された。暗渠化前の流路は断片的に残っている。鬼子母神像の出土地である清土鬼子母神脇から北側の道も流路跡で、蛍の名所だったという。

④石橋供養塔　南池袋４丁目の清立院の南西側の道沿いに、弦巻川に架かっていた木村橋の石橋供養碑がある。當所石橋施主木村氏の字が読み取れる。この近辺は暗渠化された際に流路が付け替えられ、もとの流路はわからなくなっている。左の道が弦巻川跡の一部と思われる。

り、池は整備されて水泳に使われた。しかし関東大震災後、学校が移転し鉄道教習所になった頃には水は涸れ、ゴミ捨て場のようになっていったという。弦巻川の流域もこの時期に急速に都市化し、水源を失った川は排水路と化し昭和7年（1932）ごろに暗渠化されて下水道になった。

　丸池も戦後埋め立てられ、現在は小さな公園となっている。その一角には池袋地名ゆかりの池の記念碑が建つ。ただ、池があったのは池袋ではなく雑司ヶ谷村であり、近年では池袋地名との関連は否定されている。

　現在弦巻川の暗渠は西武池袋線の線路東側から弦巻通りとしてたどることができる。法明寺、鬼子母神、大鳥神社など近隣には旧跡が多く、寄り道しながら歩くのもよいだろう。都電荒川線を越えてから護国寺にかけては、暗渠化の際に合わせて流路が付け替えられており、厳密には川跡ではないが、ぽつぽつと古い商店が並ぶ趣のある道だ。そして暗渠化前の水路の一部は、豊島区と文京区の凸凹した区界にその痕跡を残している。

⑦ひっそりと残る川跡　高速道路の東側沿い、家々の連なる裏側に、暗渠が細長い空き地となって残っている。大谷石の擁壁が残り、地面は苔で覆われている。側溝には湧水が見られることもある。

⑥掘り抜き井戸が残る　川跡沿いに、大鍋で蓋をした掘り抜き井戸がある。パイプから水が自然に流れ出す自噴井戸で、地下水位が浅くて水量が豊富であることがうかがえる。ここより下流側はかつてホタルの名所であったという。

⑧江戸川橋交差点付近　音羽谷の西側、目白台から関口台の崖縁を流れてきた川は、目白坂下の交差点のやや北側で高速道路を離れて写真の音羽通りに並行する道沿いに移る。路上をよく見ると古いマンホールも残っている。

護国寺より先は、音羽通りの西側、目白台の崖線下に沿って南下し、神田川に合流していた。首都高速5号線のほぼ下となっているが、部分的に痕跡を垣間見ることができる。音羽通りを挟んで反対側には水窪川の暗渠がある。こちらを遡って池袋に戻る散歩も楽しいだろう。

写真・文／本田 創

⑨神田川との合流点　弦巻川の暗渠の出口は現在江戸川橋の東側に付け替えられている。豪雨の際はオーバーフローした水がここから轟々と神田川に注ぐ。

5 水窪川

①**川跡の道**　はっきりとした川跡は、都電荒川線東池袋５丁目駅近くから。かつては東池袋の美久仁小路一帯の蟹窪の湿地・池から谷がここまで続いていたが、戦後スガモプリズンのグラウンドをつくるため、埋め立てて平坦にしたという。

②**巣鴨監獄からの排水口跡**　川跡は蛇行しつつ東進する。かつては造幣局東京支局の石垣の南角に、巣鴨監監獄時代の水窪川への排水溝の遺構があった。現在は、造幣局の移転後、跡地に2020年にオープンした「としまみどりの防災公園」内に移設保存されている。

水窪川はＪＲ池袋駅の東側、サンシャイン60通りに近接する「美久仁小路（みくにこうじ）」のある近辺、蟹ヶ窪と呼ばれた湿地を源流とし、江戸川橋で神田川に注ぐ3キロほどの川だった。川の名前は上流の字名「水久保」「水久保新田」に由来する。その名の通り大雨のたびに水浸しになっていた窪地で、大正半ばまでは水田が残っていた。同じく地名から上流部は「日の出川」下流部は「音羽川」と呼ばれることもあったようだ。また江戸時代には「東青柳下水」や「鼠ヶ谷下水」とも呼ばれていた。多くの名前を持つということはそれだけ身近な川だったということでもあろう。

水窪川は昭和8年（1933）頃に暗渠化されている。水源からサンシャインシティ南側にかけての上流部は、戦後巣鴨プリズンの運動場になったことなどから全く痕跡はないが、それより先は曲がりくねった流路がそのま

ま路地となって残されている。これは暗渠化時にすでに流域に家々が密集して建ち並び、直線化等の改修をする余地がなかったこと、区画整理事業を行う予算もなかったことによる。空襲から奇跡的に免れた地域もあり、戦前の雰囲気

③水窪川の碑
1980年代半ばに東池袋の各所に整備された小公園「辻広場」の一つが暗渠沿いにある。川の流れを模したタイル敷きをたどると、植栽に埋もれた「水窪川の碑」が見つかる。

④**ミョウガ畑の跡**　流路を進むと、朽ちかけた廃屋の前に三角形の空き地がある。現在は荒れ地となっているがここには2010年頃まではミョウガ畑と記された看板があった。湿地を好む植物なので、川（跡）沿いは適地なのかもしれない。南東1.5キロには茗荷谷がある。

⑦**暗渠沿いの井戸**　坂下通り沿いを中心に、ポンプ井戸がいくつか見られる。豊島岡墓地の脇には暗渠に接して防災協定井戸があり、今でも水量が豊富だ。

⑤**暗渠と階段**　水窪川の暗渠は文京区に入ると台地の直下に沿ってくねくねと進んでいく。暗渠の西側にはいくつも階段が見られ、高低差がよくわかる。

⑧**崖下の暗渠**　水窪川が流れる音羽谷の東縁では、小日向の台地の切り立った崖が迫る。台地上の標高は25～30メートルで、源流地点の標高とほぼ同じ。一方、暗渠の谷底の標高はどんどん下がっていき、下流部では標高差は20メートル近くになる。

⑥**見事なS字カーブ**　坂下通りを越えると、川跡は車がすれ違えるほどの太さの道に。道が右にカーブし、再び坂下通りに合流する直前で川は左に折れ、建物の間にまた暗渠らしい細く曲がりくねった道が現れる。

⑩湧水を溜めるバケツ　小日向台の崖下には各所に湧水が残る。その中の一つは何十年も前からバケツに水を受けている。かつてはスイカを冷やすこともあったくらい水量があったという。今は心もとない量だが、近隣の家が植木の水やりに使ったりすることもあるという。

⑨今宮神社前に残る石橋　川跡沿いに今宮神社がある。境内には大日鷲神社もあり、水窪川流域の製紙業者の進行を集めた。鳥居の前の暗渠には、石橋だった今宮橋がアスファルトに埋まって残っている。橋の部分での川幅は1.5メートルほど。

を色濃く残す暗渠路地。ただ、途中の現在都電荒川線沿いでは都道補助第81号線の建設が進んでおり、古い家々も少しずつ建て替えられている。変わりつつある風景を味わいながら、家々の裏を縫うように続く暗渠をたどってみよう。

途中不忍通りを越える地点では、皇族専用の豊島岡墓地内の池（現存）から流れ出し、護国寺境内を抜ける支流も合流していた。支流に架かっていた石橋が、ほぼ完全な姿で護国寺境内に保存されているので、立ち寄って見てみよう。

水窪川の暗渠は不忍通りを越えると、音羽の谷の東端、小日向台の台地の下を、音羽通りを挟んで反対側を流れていた弦巻川と並行して南下していく。流路はこれまでと異なりほぼ真っ直ぐだが、台地とのダイナミックな高低差が面白い。暗渠沿いの各所で高い擁壁が迫り、その下にはいくつか、じわじわと染み出す湧水が見られる。音羽の谷では江戸後期から大正にかけて、水窪川と弦巻川の水を利用した製紙業が盛んだった。かつては川に注ぐ湧水ももっと多かったのだろう。製紙業者の信仰を集めた今宮神社を過ぎ、暗渠沿いの切り立った擁壁が切れるとそこは神田川の谷だ。かつては江戸川橋の50メートルほど下流で神田川に合流していたが、今では橋のたもとに暗渠の口が移されている。

写真・文／本田 創

6 蟹川

①**西武新宿駅の窪み**　日本最大級の繁華街、新宿歌舞伎町。その西端となる西武新宿線の西武新宿駅沿いの道に、わずかにV字に窪んでいる地点がある。窪みの底からは、歌舞伎町1丁目と2丁目の境界線となっている「花道通り」が、浅い谷を緩やかにくねりながら東へ通じている。これがかつての蟹川の流路だ。

②**花道通り**
道のカーブにわずかに川の名残を留める花道通り。通り沿いには飲食店や遊興施設、風俗店などが入り乱れているが、それらに出入りする何十万人という人々のうち、かつて、この通りは川だったことを知る人はどれだけいるだろうか。

新宿を源流とする神田川の支流、蟹川（かに）。金川（かながわ）とも記されるこの全長4キロほどの川は、歌舞伎町と新宿2丁目という、現在では繁華街として夜毎に賑わう二つの地を源流としていたという特徴を持つ。歌舞伎町の本流は、古地籍図を見ると新宿駅西口の新都心交差点付近までその水路を遡れ、歌舞伎町にいくつかあった池の水を集めて現在の花道通りのルートを東へと流れていた。新宿2丁目の支流は太宗寺（たいそうじ）付近を源流とし、こちらも川沿いにいくつかの池があった。二つの流れは明治通りの東側で合流し、戸山公園内、早稲田大学近辺を経由、途中で市谷柳町付近を水源とする支流などを加えたり分流しながら東京メトロ有楽町線の江戸川橋駅付近で神田川へと注いでいた。川は昭和初期には暗渠化され、現在、大部分は下水道戸山幹線となっている。

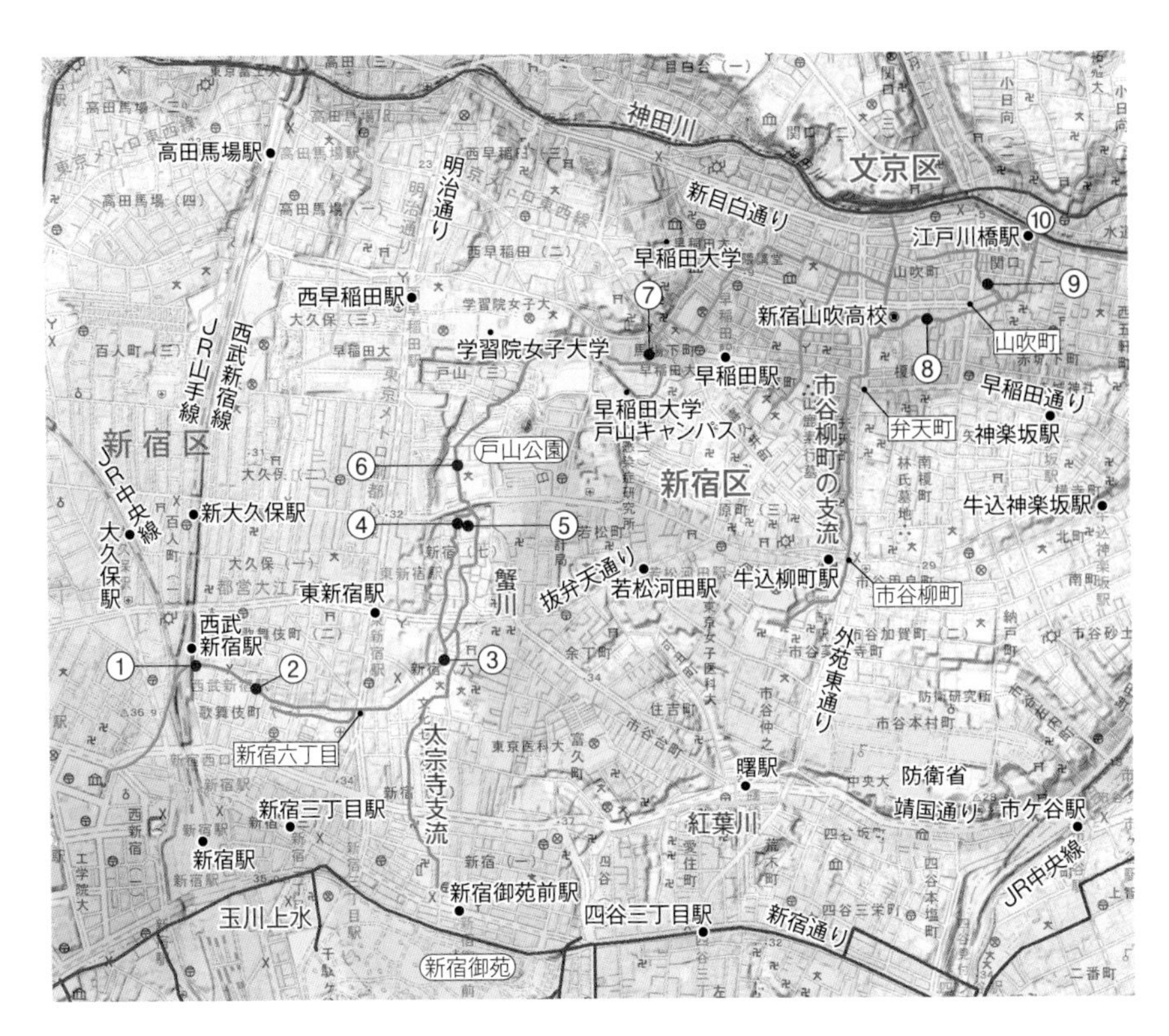

④砂利場の水路敷　抜弁天通り以北はいよいよ谷が深くなる。谷底は住宅地となっていて、かつて川は幾筋かに分かれて流れていた。本流はかなり幅広の車道となっているが、大久保通りのやや手前には、分流が細い路地として残っている。ここは今でも道路ではなく「水路敷」扱いとなっている。

③都電軌道跡との分岐　蟹川の流路跡は、ゴールデン街の北側から新宿文化センター（都電大久保車庫跡地）付近まで、都電の路線跡と並行している。流路沿いは新田裏という字名で、明治時代前半まで、川沿いに細長く水田がひらかれていた。西向天神の北側で都電の軌道跡のほうの道（写真右）は坂を上っていくが、一方で川跡は下っていく。

⑤朽ち果てた井戸
路地に朽ち果てた井戸が残されていた。この近辺はかつて砂利場という字名で、江戸時代にはその名の通り砂利の採掘場となっていた。

⑥戸山公園の窪地
大久保通りが谷を越える築堤の北側の広大な谷底には、都営戸山ハイツと東戸山小学校、そして戸山公園が広がっている。かつてはここが全て「戸山荘」だった。

中流部の巨大な窪地もまた大きな特徴だ。大久保通りが横切る地点では、幅２５０メートル、深さも10メートルほどあり、通りはここを越えるため築堤の上を通されている。この広大で深い谷は、谷の西側の台地上が28～30メートルなのに対し、東から南側の台地上は37メートルと西側よりもかなり高くなっている。これは、谷が下末吉（しもすえよし）面と武蔵野面とよばれる二つの段丘の間に形成されているためだ。より古い下末吉面にあたる南から東側のほうが、谷底から台地までの高低差が大きく、斜面も急峻となっている。

谷底は江戸時代、「戸山荘」とよばれた尾張徳川藩の下屋敷となっていた。面積45ヘクタールと江戸でも最大級の大名庭園で、庭園内には蟹川を堰（せき）止めた全長６５０メートルの池や、人工の山、そして東海道の小田原宿を再現した町並みまであったという。今でいうと、さしづめテーマパークか。ちなみに東京ディズニーランドの広さが51ヘクタールとほぼ同じだ。現存する人工の山「箱根山」は標高44メートル、山手線内ではもっとも高い山とされている。一帯は明治に入ると陸軍戸山学校の敷地となり、池も明治時代後期から徐々に水を抜かれて昭和初期には完全に干上がったようだ。そして戦後には都営団地と戸山公園になった。

蟹川は早稲田大学戸山キャンパス付近でその谷を出ると、神田川沿

⑦早稲田大学戸山キャンパス裏暗渠　早稲田大学戸山キャンパス敷地の東側に残る流路跡の路地は、蟹川本流では数少ない、川跡らしい箇所だ。曲がりくねった路地には以前は古びた大谷石の擁壁が沿っていたが、今はほとんどが改修されている。

⑧細かく曲がりくねる道路　蟹川の旧流路跡の道路（明治後期以降はここよりやや西で、北に曲がりそのまままっすぐ神田川に注いでいた）。縁石がかつての川の流れそのままに、不必要に曲がりくねっている。周囲には印刷、製本関係の町工場が密集していて、細い道なのに車の出入りが多い。

いの低地を流れていった。かつては一面の水田地帯の中、何本かに分かれながら流れていたが、明治時代後期には水田は宅地化され、流路も道路にあわせて整理された。

暗渠化後90年以上が経過し、戦災や高度経済成長、バブルの波をへた今、都心部を貫く川の痕跡は断片的にしか残っていない。そのルートを特定するには、ときには古地図の助けも必要で、ややハードルの高い暗渠探訪であるかもしれない。しかし実際に、下っていくにつれはっきりしていく谷筋を見極めながら歩いてみると、かつて確かにここに川が流れていたことが実感できる。

写真・文／本田 創

⑨新宿区と文京区の区界　蟹川旧流路の支流跡の路地。この曲がりくねった路地はそのまま新宿区と文京区との境界線となっている。ここも今でも水路敷扱いとなっている。

⑩神田川合流地点　有楽町線江戸川橋駅近く、かつての神田川合流地点。幾度もの改修を経た神田川には、合流地点の痕跡はまったく残っていない。水源の歌舞伎町の標高が32mだったのに対し、合流地点の標高は4mしかない。

7 紅葉川

暗渠化は昭和初期といわれ、比較的早期であるためか川のかおりはじつに乏しい。また、流域の地形は、江戸期の壮大な造成により、ずいぶん改変されている。しかしよく見れば、支流たちは表情豊かで、そこここに江戸の歴史が顔をのぞかせる川である。紅葉という名が連想させるのか、佇まいがそう思わせるのか、この暗渠には夕暮れが似合うように思う。

名の由来は不明だが、全体を指す名称として紅葉川のほか、楓川、外濠川、上流部分は桜川、捨川、下流部分は大下水、柳川、長延寺川などとよばれていた。上流下流の境目は防衛省のあたりである。

源流地帯には再開発の手が入り、窪地を確認できる場所は減りつつある。水源は複数あるが、富久町や四谷4丁目からの流れが東流して、紅葉川は始まる。小笠原伯爵邸の裏にある深い谷は川田窪とよばれ、どろんこ道だったため団子坂と名がつくほど湿っていた。余丁町と東京女子医大の支谷の流れも合わさっていたろうか。流れはあけぼの橋通りを下る。そのあたりはジュクジュクしているからジュク谷、などと微笑ましい呼ばれ方をしていた。

①富久町の水源　水源と思しきところには、五色弁財天と清滝不動尊が祀られていた。写真撮影時は再開発直前で、すでに町並みは風前の灯であったが、むしろ谷戸地形が露わとなっていた。

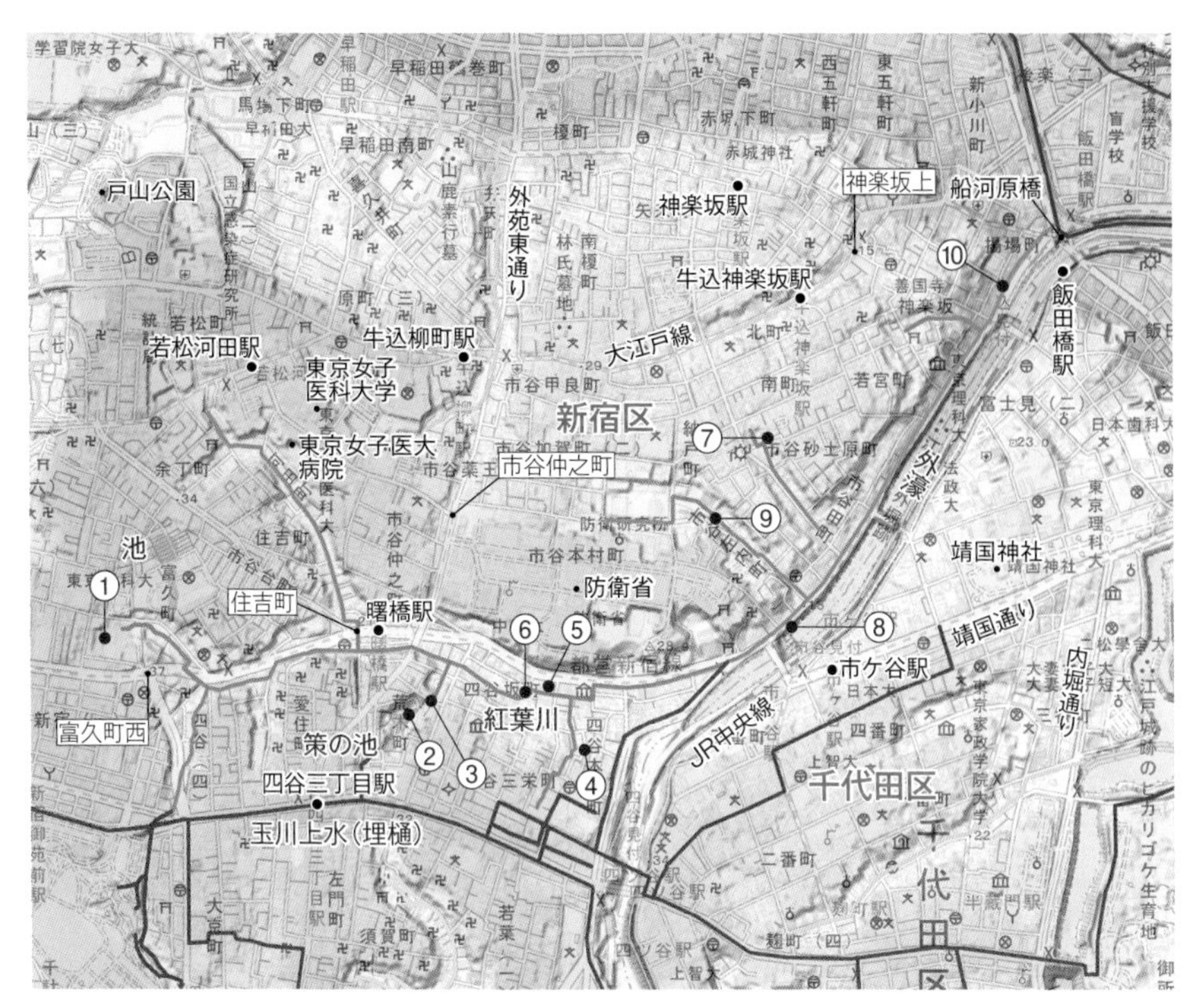

②策の池　由来は諸説あるが、徳川家康が策（むち）を洗ったのでその名がついたというこの池は、四谷荒木町の谷底にある。ここはかつて松平摂津守上屋敷の庭園、池は谷底全体を覆うほど大きく、滝もあった。明治になると景勝地として人が集まり、荒木町が花街として発展するきっかけとなった。

③支谷上の盛り土　荒木町は出口のない不思議なスリバチ地形をしているが、その秘密はこの築堤にある。江戸時代、策の池の排水用の下水管と一緒に建設された石積み暗渠が、なんと現在も下水管としてこの下を通っている。発掘された石積みの一部は、落合水再生センターに保存されている。

⑥**桝箕稲荷神社**　遠目に見る社殿の佇まいは、まるで湖に浮かぶ島のよう。それもそのはず、桝箕（ますみ）稲荷神社の横にはかつて紅葉川が流れていて、隣にあるジメッとした公園は池であった。

④**本塩町支流（仮称）**　本塩町と坂町の間を駆け下りる小川で、志摩鳥羽藩稲垣摂津守の屋敷の泉水と周辺の崖からの染み出しがその源流ではないかと推測する。見るやいなや、毛穴がブワッと開くような艶姿。雰囲気満点、新宿区屈指の秘境といえよう。

⑦**砂土原町の開渠**　払方町（はらいかたまち）を歩いていると、谷があることに気づく。谷を追うと、家の下をすり抜けるように走るわずかな開渠が現れた。下流はビルに呑まれて消えた。

⑤**本流の通行不可部分**　紅葉川本流は、今やそのほとんどが大味な車道である。そんななか唯一の通行不可部分が、川跡であることを強調しているかのようで、こんなところでも気分が盛り上ってしまう。

紅葉川はこれらの水を集め、靖国通り近辺を蛇行しながら進む。本流の流路は、時代によって、また地図によってまちまちなので、確定が難しい。崖、階段、階段、崖……ポカンと見上げてしまうような崖と長い階段が見えるので、紅葉川渓谷、などとポツリ呟く。紅葉川渓谷には、松平家をはじめとする大名屋敷からの水も流れ込んでいた。左岸に屹立（きつりつ）する市谷台地は独特で、かなり高い位置で水が湧く。前述のあけぼの橋通りの念仏坂にも滝があったそうだが、通行人のはるか頭上である。紅葉川下りのおもしろみは、このように思いがけない位置で水源に出合うことも挙げられるかもしれない。

防衛省を過ぎると、紅葉川の谷を使って掘削された外濠と、江戸期に紅葉川を整備した石垣の大下水（紅葉堀）という、二つの水路が現れる。いわば同じ水を分けた紅葉川兄弟が、今は外濠と下水道市ヶ谷幹線になってい

⑨長延寺谷　市谷長延寺町にも支流があった。上流端は大日本印刷の敷地となっており、ごみ坂歩道橋からその谷景色を見下ろすことができる。大日本印刷のこの建物（b）は撤去され、2020年現在（a）はまるでマチュピチュのよう。

⑧外濠と紅葉川　JR中央線に乗っていると思わず見つめてしまう外濠は、紅葉川の谷を利用して造られたものだ。いっぽう、写真左側の地下には紅葉川下流にあたる大下水の構造物が眠っているという。大下水は、『江戸名所図会』の「市谷八幡宮」でも確認することができる。

⑩軽子坂　揚場町（あげばちょう）という名が表すようにここは川から船荷を揚げる場所であり、軽子（かるこ）が通っていたことが坂名の由来で、坂の下には石橋が架けられていた。横断歩道のシマシマが、石橋に見えてこないだろうか。

る。外濠を右手にしばらく歩くと、中世の城・牛込城下にさしかかる。紅葉川は牛込城の濠としての機能も担っていたと推測されている。本流が南濠、東京理科大の横を通る支流が東濠であり、西濠らしき谷には、なんと開渠が顔をのぞかせる。そして本流はＪＲ中央・総武線飯田橋駅前を通り過ぎ、船河原（ふなかわら）橋のところで神田川に注いでいた。

　発掘調査により、紅葉川下流部の遺構には現代の下水管が通っていることが明らかになった。荒木町の支流にも、江戸期からの下水管が健在である。長く、そして紆余曲折の歴史をもつ紅葉川。本流のほとんどは靖国通りと外堀通りに呑まれ、地表には車の流ればかりが残された。けれど、川の名残は、今もしっかりと地中にある。

写真・文／吉村　生

8 谷端川・小石川

豊島区・板橋区内では谷端川、下って文京区内では小石川、氷川などとよばれていた。流路延長は約11キロで、神田川支流としてはかなり長い。下流部が暗渠化されたのは昭和９年（１９３４）で、昭和39年（１９６４）までに全区間が暗渠化されたという。

水源は、豊島区要町２―14の粟島神社にある弁天池。しかし、灌漑用水として利用するには水量が少なかったのか、上流を延ばす形で近くを流れる千川上水から分水を受けている。そのため、下流部ではこの川を千川とよぶこともあったそうだ。

弁天池からの流路は、神社からまっすぐ伸びていく道と重なる。その道を進んでいくと、やがて椎名町サンロードとなり、西武池袋線椎名町駅のすぐ西側を越えて左に折れていった。まもなく山手通りのトンネルをくぐるが、わずかながらサクラの並木があって、川跡であったことを偲ばせる。道なりに進むと、北向きに進路を変え、西武池袋線の線路にぶつかる。ここには抜け道はないので、近くの踏切を渡って、先へ回り込もう。

線路の北側では、暗渠の道は、山手通りとほぼ並行する谷端川南緑道として整備されている。架かっていた橋のモニュメントがあり、ところどころに親水公園が設けてあるので、快適に歩ける。

山手通り要町１丁目交差点のすぐ東、ＪＲ池袋駅に通じる要町通りと交差する長崎橋が

①**粟島神社の弁天池**　谷端川は、神社境内にあるこの弁天池から流れ出していた。粟島神社には、鎌倉時代末期から水の神様が祀られているそうだ。

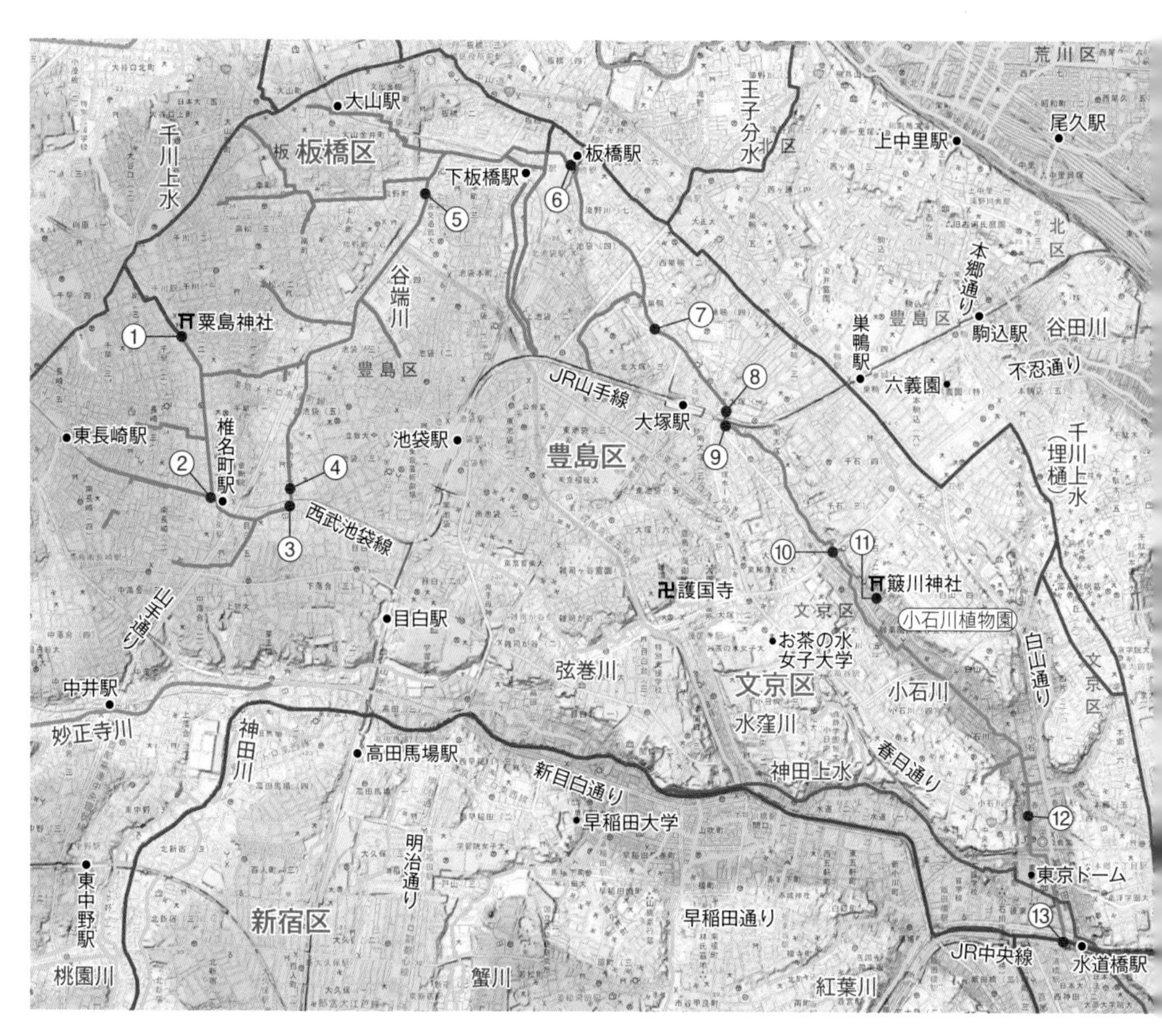

③線路脇の遊具　西武池袋線の南側、川跡の道の一角にポツンとおかれた遊具。ここは「目白四丁目仮児童遊園」。「仮」とはどういう意味なのだろうか。

②椎名町駅西側踏切そばの川跡　椎名町サンロードを流れてきた川は、この踏切を渡ってすぐ、駅ホームの南側にある道のところを流れていたと思われる。暗渠の雰囲気を漂わせている細道で、奥に進むと右手へカーブしていく。

あったところでは、緑道との高低差がかなりある。要町通りが台地への上り坂になっているためだ。川は崖の際を流れていたということだ。

そして緑道は、多少の蛇行をしながら北東方向へ伸びていく。ちなみに、途中からルートは豊島区と板橋区の境界に合致している。

川越街道を越えると、金井窪（板橋区熊野町）という、いかにも低地であったらしい地名の場所を過ぎ、東武東上線にぶつかる。いつのまにか谷端川北緑道に名称が変わっていた。ここで東に向きを変え、下板橋駅の西側へ。線路を越えるあたりで緑道らしさを失うが、すぐに駅の北側2本目の道につながり、また緑道らしくなる。

しばらく進むとJR埼京線板橋駅だ。ホーム下のトンネルのところを谷端川は流れていた。そして、トンネルを出てすぐの十字路で南に方向を変える。これまでほぼ豊島・板橋区境だった流路は、ここから明治通りを越えるまで、豊島・北区境となる。しかし、JR山手線大塚駅まではふつうの道路なので、緩やかな蛇行以外に川跡を偲ばせるものには出合わない。しいて挙げるなら、北大塚3丁目交差点で、太い道路に合流する部分が広くなっている場所くらいだろう。

道なりに進むと、大塚駅北側に出る。ここには滝不動がある。かつては谷端川が滝のようになっていて、そのほとりにお不動様が祀られていた。暗渠化の際に一度移され、その後現在地に定まったというものだ。見回すと、この一帯

④谷端川南緑道
西武池袋線の北側の暗渠は、緑道として整備されている。

⑤緑道に残る多くの橋跡
ここは川越街道を越えた金井窪橋。欄干は緑道への侵入を防ぐ車止めとなっている。

⑥板橋駅ホーム下のトンネル
谷端川はトンネルの脇を通り、抜けるとすぐ右へ折れていった。

は窪地になっており、整地されていない昔ならば滝があってもおかしくはない、と思える。

駅の東側ガードをくぐってすぐ、左に折れる細い道がある。大塚三業通りだ。谷端川はこの道のところを流れていた。三業とは、料亭・待合・芸妓置屋の三業種のことで、つまりこの先は大人の遊び場だったわけだ。現在でも、駅に近いエリアは飲食店が多く、その名残が少しはあるように見える。

道の両サイドはやがて住宅街に変わり、細かな蛇行が暗渠の道らしさを醸し出す。なお、巣鴨小学校を過ぎた少し先あたりで、川の名称が小石川に変わるという。

川は、大塚駅東ガード下を通る太い道と並行して南下しているが、千石3—5の先で、太い道とぶつかりそうになる。ここにあるのが氷川下町児童遊園で、これはかつてよばれた氷川の名が残っているのだろう。そして、流路は太い道に合流せず、その1本東の細い通りを下っていったようだ。

⑧大塚駅北口の滝不動　ビルの間の一角に和風の造りでひっそりと滝不動がある。このあたりでは周囲を見回して、地形を観察するとおもしろい。

⑨大塚三業通り　大塚駅南口を出て東へ進むと、パチンコ屋さんの脇を下っていく「大塚三業通り」がある。これも川跡の道だ。

⑦北大塚3丁目交差点　流路は右を通る太い道路に合流するかたちで、手前から左へと続いていた。植え込みを設けるほど広くとられた歩道が、かつて流路であったことを物語っているようだ。

⑩猫又橋の親柱袖石　猫又（猫貍）は妖怪。その昔、少年僧がこの近くで猫又に化かされて小石川にはまったことから、ここの橋が猫又橋、目の前の坂が猫又坂とよばれるようになったという。

住宅や小さな印刷・製本屋などが建ち並ぶ中を進んでいくと、不忍通りの猫又坂と交差する。ここには、大正7年（1918）に架けられた猫又橋の袖石が二基おかれている。その先で流路は分かれていたようだが、直進していくと、左に簸川神社（江戸時代は氷川大明神、明治期は氷川神社、大正期よりこの名称に）、正面に小石川植物園という交差点に出る。小石川の異名・氷川の名称は、この神社と関係しているに違いない。なお、植物園内には池があるので、その水もかつては小石川に加わっていただろう。

植物園の脇を南東に下っていくと、ほぼ真南に向きを変えた先で、千川通りに合流する。以降は小石川台地と本郷台地の間を千川通り沿いに流れ、東京ドームのあたりをやや東に振れながら水道橋のたもとで神田川に合流し、谷端川・小石川は終わる。合流点は、市兵衛河岸とよばれた場所。現在そこは、防災船着場となっている。

写真・文／樽永

⑪**簸川神社と小石川植物園**　川跡の道は推定流路から逸れるが、簸川神社（a）の前を抜け、植物園（b）の脇へと続く。植物園を過ぎてまもなく、千川通りにぶつかる。

⑬**神田川との合流点**　東京ドーム東縁をへて、小石川は神田川と合流する。写真は防災船着場となっている市兵衛河岸で、ここが河口だったという。

⑫**東京ドームの北**　春日通りと交わる富坂下交差点の手前から撮影。春日通りが右方向に上る坂になっているのがわかる。かつてこのあたりは崖下の低地だったのだろう。

Special Report 2

本郷台地に刻まれた趣のある道

歴史が凝縮された東大下水菊坂支流をたどる

文人が愛した町を流れていた

東京メトロ丸ノ内線・都営地下鉄大江戸線の本郷三丁目駅のある、本郷通りと春日通りの交差点のやや北に、本郷通りから北西に分かれて下っていく長い坂がある。本郷台地に細長く深く刻まれた谷を下るこの坂は「菊坂」とよばれ、坂に沿った旧・菊坂町界隈には昔ながらの風景が残っている。明治期には谷底の路地の借家に樋口一葉が暮らし、また大正から昭和にかけて台地の上にあった「本郷菊富士ホテル」は多くの文人や知識人たちが滞留していたことで有名だ。

菊坂自体は、谷の一番深いところよりもやや上方を通っているのだが、谷底にはかつて小川が流れていた。この川は、加賀藩の屋敷内（現在の東京大学本郷キャンパス）より流れ出て、本郷通りを横切り、菊坂の谷を下っていた。永井荷風の『日和下駄』には、「本郷なる本妙寺坂下の溝川」と記されている。

小川は、本郷通り本郷弥生交差点から南西に延び、白山通り西片交差点へいたる谷を流れていた小流を合わせたのち、文京区本駒込～白山の「鶏声が窪」～「指が谷」から流れてきた川に合流していた。これらの流れは江戸時代のある時期以降、あわせて通称「東大下水」とよばれていた（東大の近くではあるが、「とうだい・げすい」ではない）。

ただし下水といっても、飲み水や灌漑には使えない排水路、といったニュアンスであり、現在の「下水道」のイメージとは異なるものであった。都心部にはほかにも弦巻川・水窪川（82～89ページ参照）の別称であった「鼠ヶ谷下水」などと「下水」と呼ばれる川がいくつかあった。菊坂の流れが指が谷の流れに合流する付近では低地の西端を流れていた小石川（谷端川下流）を、「西大下水」と呼ぶこともあったという。

小川の水源ははっきりしない。東大構内のちょうど谷頭にあたるあたりには、明治期の前田侯爵邸時代に造られた庭園と池が東大の迎賓館「懐徳館」として残るが、池の水は当時からポンプで循環していたようだ。また、現在は涸れている。

川が本郷通り（中山道）を横切るところには別れの橋、なみだ橋などと呼ばれた橋が架かり、橋を挟んで都心側が「見送り坂」、郊外側が「見返り坂」とよばれていたという。すぐそばの春日通りと本郷通りの交差点にある「かねやす」店頭に、有名な「本郷もかねやすまでは江戸の内」の川柳が掲げられているように、18世紀中ごろまではこの別れの橋のあたりが江戸内外の境界線だった（境界線はその後郊外へと拡大していく）。江戸を追放された者が、ここで親族と別れを告げたという。本郷通りがわずかにV字型に窪む付近のすぐ脇から、菊坂の通りが始まる（写真①）。坂はわずかにカーブを描きながら緩やかに下っていっている。

懐かしさ漂う暗渠の道

本郷通りを渡って菊坂を下っていくと、しばらくして1本南側に並行する道が現れる。東大下水は、この通称「菊坂下道（したみち）」とよばれる道に沿って流れていた（写真②）。下道の右側は崖となっており、階段がいくつもあって並行する菊坂につながっている（写真③）。

いっぽう、道の左側には、家々の間に細い路地が延びている。石畳や古い木造家屋が残っていたり、植木鉢が並んでいたりと、風情のある路地が多い。そして、路地の奥にはポンプ式の井戸が点在している。中でも明治半ばの一時期に樋口一葉が暮らしていたという路地と、そこにある井戸は有名だ。井戸の前の路地には谷の斜面を上る階段を挟んで、昭和初期に建てられた三階建ての木造家屋が建ち、その奥には門が構えられて半プライベートな空間となっている（写真④）。

かつて川があった場所や水が湧いていた場所には、それにふさわしい商売がある。たとえば、水を大量に使う金魚屋。この付近にも崖からの湧水を利用した金魚問屋があったとのことだ。現在も、菊坂側の丘を少し上ったところに、カフェや釣り堀を併設した金魚問屋「金魚坂」が残っている（写真⑤）。創業350年という。

またたとえば、銭湯。排水の面で便利だったのだろう。東大下水の暗渠沿いにも、最近まで、明治中期創業の「菊水湯」があっ

た。井戸水を沸かした湯と黒瓦の屋根の古風な構えが町の雰囲気にふさわしかったのだが、残念ながら2015年に廃業し、現在は、住宅地となった跡地の片隅に、入口の鬼瓦がひっそりと保存されている（写真⑥）。

さて、川跡が菊水湯跡の前で左に曲がり、流路を谷底南寄りに変えると、道沿いにはっきりした暗渠が現れる。下水化された、コンクリート製の矩形の水路が直接地上に露出している（写真⑦）。「下水道台帳」によれば、幅1・4メートルほど、深さは1・8メートルほど。谷底の南縁に沿って流れていく。暗渠上にところどころある鉄柵からは、かなりの勢いで水（下水）が流れているのが見える。暗渠の左岸側は大谷石の擁壁が聳えるいっぽうで、右岸側には細い路地が何本も延び、中には両脇に平屋建ての家屋と地面に固定された物干し竿の柱が並ぶ一画も残っている（写真⑧）。路地の途中には共同井戸もいくつかあり、今でも利用されている。

⑤

⑥

⑥

⑦

暗渠は住宅地の中を進み、やがて北東方向から下ってきた、本郷弥生交差点（弥生式土器の由来地）近辺から発する谷の流れの暗渠を合わせたあと、方向を西へ変える（写真⑨）。抜け道となっているようで人通りは意外に多いが、足元にかつての川があることを何人の人が知っているだろうか（写真⑩）。暗渠は都営地下鉄三田線の春日駅のすぐそば、白山通りに出たところで、ぷっつりとその姿を消す。

別れの橋のあった地点からここまでおよそ800メートル、標高は別れの橋で20メートルあったのが、5メートルまで下っている。かなりの急流だったのではないか。かつてはこの先で東大下水本流に合流し、その流れはさらに小石川（谷端川）に合流、JR水道橋駅の北側で神田川に注いでいた。

東大下水の暗渠が流れる空間には、江戸時代から今にいたるまでの時間が重ねられ凝縮されている。暗渠のラインをたどることが時空をも体験することになるという、暗渠探索の楽しさの一面がここでは実感できる。

写真・文／本田 創

Special Report 3

江戸から昭和までの面影が交錯する 神田川笹塚支流（和泉川）時代の重なりを味わう

点にあたる。川へ降りて開口部の目の前に立つと、奥から漂うドブ川の臭いが鼻を突く。暗渠に木霊して混ざり合った街の喧騒は、まるで都会の音墓場のような響きだ。

四区の境界を流れていた川

杉並区の和泉（いずみ）という地名のあたりに端を発し、中野区と渋谷区に隣接しながらやがて新宿区内の神田川に流れ込む全長約3キロの「神田川笹塚支流」。

神田川への合流地点は、西新宿の高層ビル街からほど近い、新宿の中心部から見て北西の位置にある（画像①）。70年代の名曲のタイトルにもなった神田川は、かつては大雨が降るたびに増水する都内有数の氾濫川として、また生活汚水の流入によりメタンガスがいつも吹き上がる汚濁川として、その悪名を轟（とどろ）かせていたが、近年は護岸工事と水質改善によって魚も泳ぐ憩いの川に生まれ変わった。もともとは江戸市中に水を供給していた神田上水がその起源でもある神田川だが、その源流が吉祥寺にある井の頭公園の池であることは意外に知られていない。

そんな神田川の護岸を観察すると、いたるところに大小の開口部があり、これらはすべて神田川に流れ込んでいた細流の合流地

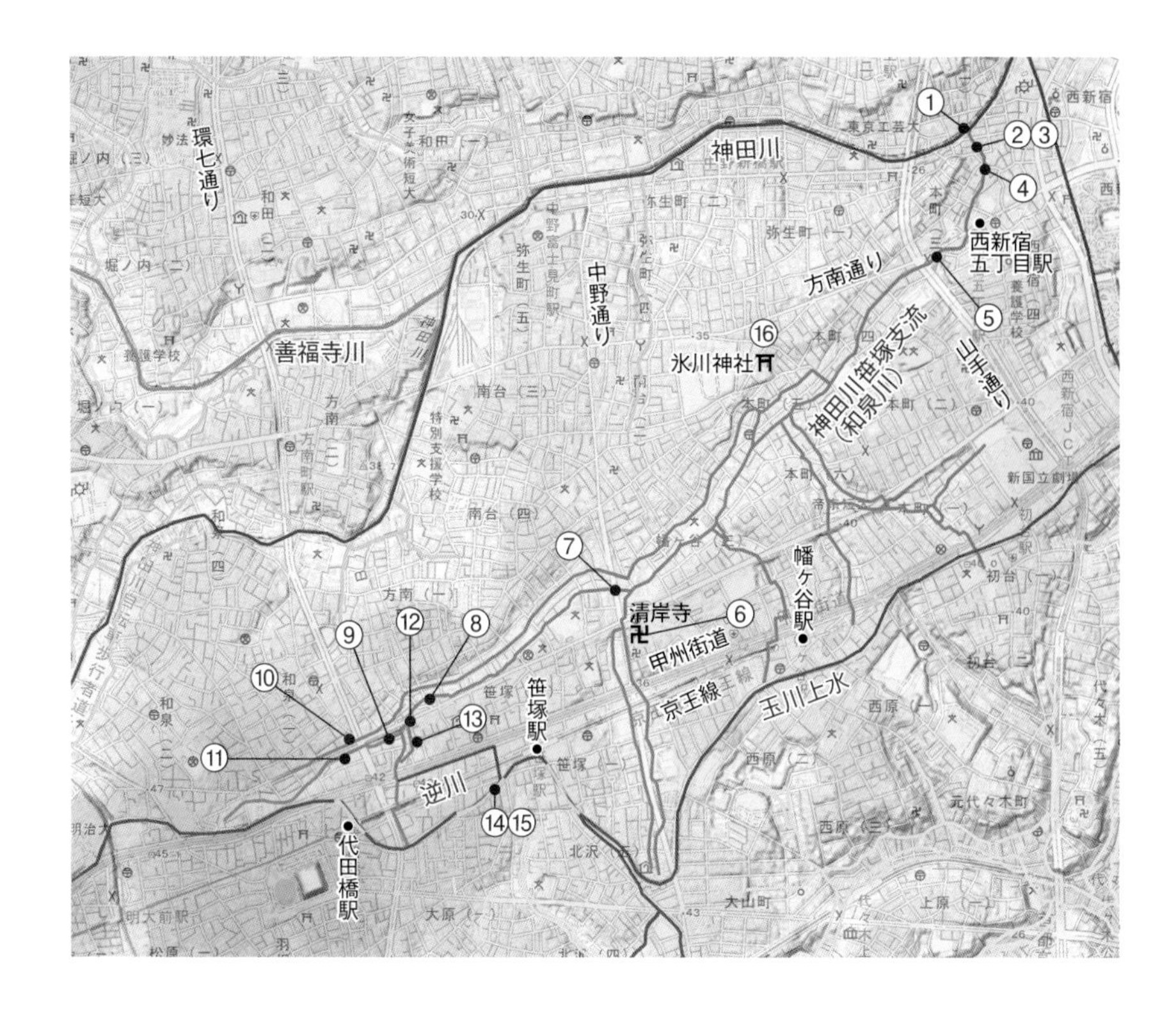

街の変遷を見続けてきた証人が遺る暗渠

実際に暗渠の上を歩くと、まず道幅が狭い印象を受ける。そして、ほとんどのエリアに車両が入れない。その結果、ジョギング・コースになっている場所もあれば、自転車置き場になっている場所、歩行者専用の緑道になっている場所、はては物干し場や植木鉢置き場になっている場所もある。

暗渠は現在も下水道として使われているので、基本的に地下部分は水道局が、地上部分は地方自治体の緑地課などが管理する土地だが、誰もがそれなりのルールを守る一般道と違って、公道と私有地の境目が曖昧になっているのが特徴だろう。

また、橋の多さにも驚かされる。暗渠となってしまった川筋には本来橋は必要ない。しかし神田川の合流地点から歩き出して数十メートルも行かないうちに、次々と橋跡が現れる。橋といっても欄干の高さがせいぜい50センチ、全長が3メートル程度のきわめて小さな橋ばかりだが、つぶさに観察すると、それぞれちょっとした個性があって興味深い。

シンプルなコンクリートの角柱を親柱(橋の両端に立つ太い柱)にしているものもあれば、同じコンクリートでも上部にデザインをあしらったもの、そして御影石を親柱にしたものなどもある。もっとも、御影石でできた橋は、水流があったときのものではなく、暗渠になったあと、車止めを兼ねたモニュメントとして新たに造られたもののようだ。

②

親柱にネームプレートが埋め込まれているものや、直接橋名が彫り込まれているものが数多く遺っていて、彫り込み文字の中にはかなり流暢な書体で書かれたものもある。橋名と同時に竣工年が刻まれたものも多く、それを見る限り、戦前はおろか大正時代に竣工された橋まであることがわかる。

おそらく道行く人にはほとんど見向きもされないだろうと思われるこれらのショボい橋が、この狭い路地で約100年もの間、街の変遷を見続けてきたのかと思うと、驚きを越えて感動すら覚える。

さらに暗渠は、前述のように水道局の管理下にあるため、むやみやたらに建物を建てたり埋めたりすることができないのだろう。周囲の開発はおのずから手つかずになり、ほかの地域だったらとっくに真新しい景観に変えられてしまいそうな懐かしい風景が、そのまま遺っているところが多いのも魅力だ。

暗渠の道に漂う雰囲気

笹塚支流を遡行（そこう）しはじめると、まず最初に、陸上競技場などで使用されるタータントラックが敷かれた道が出迎えてくれる。令和2年（2020）の春から蔓延した新型コロナ・ウイルスによる在宅勤務で、なまった体をほぐそうとジョギングを始めた人にとっては、嬉しい施設だろう **（画像②）**。

遡行して二番目の橋は「長者第一號（ごう）橋」（画像③）とよばれた、昭和13年（1938）3月に竣工された橋。しかし、実際に親柱に刻まれた文字から橋名を読むのは不可能なほど崩れてしまっている。

しばらく進むと、御影石のネームプレートがコンクリの柱に埋め込まれた「羽衣（はごろも）橋」が現れ、その先には再びタータントラックが続いている。

右に大きく蛇行して、四番目の「柳橋」（画像④）にたどりつく。親柱の上にはコン

③

柳橋
④

クリ製ながら擬宝珠（ぎぼし）風のデザインが施され、全体のバランスもよく、また親柱に遺る彫り込みタイプの橋名も素朴な筆文字で気持ちいい。個人的にはこの川筋に現存するすべての橋の中で、もっとも美しい橋だと思っている。

橋のたもとには、大きな柳が風にそよいでいる。この柳は平成28年（2016）に地元の有志によって植樹されたもので、かつての柳橋の風情を偲ぶことができるようになった。親柱や欄干がところどころコンクリートで補修され、彫り込まれた橋名が黒く塗装されているのも、有志の手によるものとのことだ。

柳橋の周囲に広がる「みのり商店街」は、かつては昭和レトロが漂う味のある商店街だったが、いまではそのほとんどが仕舞屋（しもたや）となり、寂しさを感じる。

すでになくなってしまったお店だが、かつてあった寿司・いなりの「仲乃屋」のおかみさんは今でも記憶に残っている。半分シャッターが閉まっているので、やっていないのかと思いながら中をのぞくと、無愛想なおかみさんが出てきた。商店街のことなどを尋ねてみると、突然笑顔になっていろいろ話してくれた。

「コンビニにやられちゃったさぁ。あたしゃ商売上手だから、まだこうしてやってるけどね（笑）」

昭和30年代の初頭に集団就職で上京したおかみさんは、銀座でオヒスレディをしたあと、嫁いでこの店にやってきた。都庁の進出で大打撃を受け、都営地下鉄大江戸線の開通で、商店街は完全に終わったと語る店の向こうには、要塞のような都庁のビルが聳（そび）え立っていた。

仲乃屋のすぐ近くには江戸時代から伝わる民間信仰の一つ、サルを祀った淀橋庚申塚（こうしんづか）がある。

庚申塚とは、祀った三体のサルを庚申の日にあがめる交通安全の守り神。堂内の石碑には、かつて寛文（かんぶん）4年（1662）の年号もあったそうだが、今では摩耗して見ることはできない。きれいに掃除され、水が打たれた祠を見ると、今でも守り神として地域にしっかり根ざしているのがわかる。

幅員のほうがはるかに長い橋も

やがて川筋は方南（ほうなん）通りに突き当たり、通りを渡って都営地下鉄大江戸線の西新宿五丁目駅の裏地を緩やかな弧を描いて蛇行する。駅裏という場所柄、この一帯はすべて駐輪場として再利用されている。そして川筋はいったん方南通りへ戻り、再び緩やかに通りから離れてゆく。かつてあった大関橋の位置には、川沿いで遊ぶ子供達のレリーフが施されたモニュメントが近年造られた。

しばらく進むと、山手通りに架かっていた「清水橋」へと出る。橋の名は、かつて一帯にあった湧水池に由来するが、山手通りの開発とともに池は姿を消し、大関橋と同様に御影石のモニュメントが橋の記憶を伝えるばかりだ。ただし、欄干の一部が、暗渠沿いの草むらの中にひっそりと保存されている（画像⑤）。

この付近の川幅はせいぜい2メートルくらいなのに対して、山手通りの幅は約40メートルあるので、この清水橋は長さ2メートル×幅40メートルの橋ということになる。橋といえば、一般的に幅員より橋長のほうが長いが、清水橋の場合はそのバランスがまったく逆転した珍しい橋だったといえるだろう。

渋谷区に入っても、ずっとタータントラックが続いている。特に新宿区では部分的に敷かれていたトラックが、渋谷区に入ってからは暗渠一面に敷かれ、暗渠というよりは当初からタータントラックとして作られた道筋の印象すら受ける。

渋谷区に入って最初の「杢右衛門橋」は、残念ながらタータントラックの下に埋没して確認することができず、最初に確認できるのは、近年作り変えられた「二軒家橋」からだ。

二軒家橋の中心に立って、暗渠に対し直角に交わる道を見ると、いずれの方向にも高低差のある坂道が長く続いている。この細流はそれほど川幅も広くないものだが、それでも悠久の時をかけて川が大地を削ってきたのが見てとれる。

二軒家橋の次にある「弁天橋」は、かつては高さのある束柱が何本も立つ、この川筋ではもっとも橋らしい橋だったが、現在では御影石の親柱を鉄パイプでつないだ橋に生まれ変わった。

弁天橋の名は、かつてこの橋が架かる道の先に市寸島神社、通称、弁天神社があったことに由来する。じつはこの弁天神社に祀られた弁天様が、この名もなき川筋の命運を左右する重要な役割を果たしたことなどは、最初にこの暗渠を訪れたときには知る由もないことだった（このエピソードはのちほどふれよう）。

明治時代には田園を潤していた

川筋は、前出のみのり商店街よりさらに小規模だったと思われる商店街通りを横断する。道に面して遺された橋跡は御影石製でやたらと新しく、しかも橋の形をなしていない。そしてこの先、橋の形をなしていないながら、綺麗な銘板を付けたモニュメントがいくつかあるが、すでに川ではなくなった今、数年おきに造り替えているところを見ると、おそらく今後も少しずつ橋を記憶として残していくのだろう。

御影石で造られた橋の名は「本村橋」。本村はこの界隈のもともとの土地名で、今では本町とよばれている。『幡ケ谷郷土誌』掲載の「明治末葉農村幡ケ谷地図」を見ると、渋谷区に入ってすぐの杢右衛門橋からこの川

⑤

筋の最上流までの一帯が「長田圃」とよばれる田園地帯だったと書かれている。もちろん今では、どこを見ても田んぼなどあるはずもないが、かつてこの暗渠が実際に川だった時代には、きわめて細い流れのこの川が、両岸に広がる田園地帯を潤す唯一の水脈だったのだ。

また明治時代、この川筋にはいくつもの水車があった。中には直径4・5メートルもある巨大な水車もあり、6基の臼をついていたそうだが、残念ながらその面影は残っていない。

なお本項では紙面の都合上、川筋の本流だけを取り上げるが、それ以外にも並走する北水流をはじめ、本流から田んぼへ引水したさまざまな細流があり、それらの多くは現在も暗渠として遺っている。さらに玉川上水からの落水跡もいたるところに残存し、この一帯が、かつては細い川が網の目のように張り巡らされていた地域だったことがわかる。

しばらく進むと、小中一貫教育の渋谷本町学園第二グラウンド(旧本町小学校)前に架けられた橋跡に出くわす。笹塚支流の数ある橋の中で、名前のわからない二つの橋の一つだ。今でも橋が架かっていた時代の姿をゆうに想像できるほどしっかりと姿をとどめている。かつて水流があった頃は、水面をながめて登下校したのかと思うと風流だが、ドブ川になってしまった時代も水流が存続していたとすれば、逆に毎日が嫌な登下校だったかもしれない。

学校を越えて少し進むと、蓋に「空気抜き」と書いてあるマンホールに遭遇する。通常のマンホールには見られない小さな穴がたくさん開いているのを不思議に思い、下水道局に尋ねてみると、そのマンホールがある地下には、強力な空気圧で大量の水を一気に押し流す装置があるはずだということだった。

大酒飲みか資産家か？　酒呑地蔵の謎

旧・本町小学校の前を通過してほどなく行くと、遡上して16個目の「地蔵橋」が見えてくる。親柱は真新しいが、「ちぞうばし」と書かれた銅板はおそらく当時のものだろう。

地蔵橋のたもとには、2010年まで「酒呑地蔵尊」という一風変わった名前の地蔵堂がひっそりと立っていた。その名前から酒飲みの健康祈願のたぐいのものかと思いきや、実はちょっと悲しいエピソードにまつわる地蔵尊だった。

時代は江戸までさかのぼり宝永5年(1708)、四谷からこの地へ来た中村瀬平という人の勤勉さをたたえた村人は、31歳の正月を祝って彼に酒をふるまった。ところが、中村は生まれて初めて飲んだ酒に泥酔し、この橋のたもとで溺れ死んだ。その彼を供養して作られたのが、この地蔵尊だという。

昭和初期には子育て地蔵尊としても信仰を集め、祭りの日には夜店が出るほど賑わったらしい。今でも地元の人々や古くからの信者による線香の煙が絶えないというのは、祠の周囲に立ち並ぶたくさんの幟旗を見てもわかる。

ところで、この由来は祠の横に立っていた渋谷区教育委員会の解説板に書かれたものだが、『幡ヶ谷郷土誌』を読むと、似たところはあるものの、ディテールが異なっている。共通点は溺死した中村の出身地と事件が起きた年だけで、あとは名前が瀬平ではなく満平だし、大酒飲みだったと書かれている。

さらにいくら泥酔していたとはいえ、ただでさえ水量が少ないうえに冬枯れの時期にこの小さな川に落ちて致命傷を負うとはとうてい考えられず、また死後、供養地蔵を立てられるのはよほどの財産家の出でない限り困難なことから、本来地蔵尊は、一介の職人だった中村のものではなく、辻斬りにあったか行き倒れになった、資産家の血筋を引く者のために立てられたに違いないとしている。

『幡ヶ谷郷土誌』は昭和53年（1978）刊行なので、渋谷区教育委員会がこの『幡ヶ谷郷土誌』を読んでいないわけはなく、だとすると、その後の調査によって、地蔵尊は中村瀬平のものだという結論になったのだろうか。

なお、酒呑地蔵尊は2011年の春に、中野通り沿いにある清岸寺に遷座され、現在はきれいな祠とともに大切に守られている（画像⑥）。

中野通りを越えて、道幅も狭くなる暗渠上流へ

地蔵橋を過ぎ、さらにいくつかの橋を越えると、蛇行した暗渠の先に「氷川橋」跡が見えてくる。

親柱をはじめ、オリジナルの部材はひとつもなく、かつて橋のあった位置に簡易なガードレールが施工されただけの橋跡だ。氷川橋は、その先にある氷川神社に由来する橋名だ。

やがて川筋は、「六号通り商店街」を越え、公園の横を抜けると、初めて暗渠としてたどることができない場所へ出る。

これまでの暗渠はしっかりと細い路地を形成し、やみくもに歩いても暗渠道を見失うことはなかったが、ここからしばらくは地図を頼りに進まないとわからない。これは道の拡幅にともなって暗渠が一般道の一部になってしまったからで、大正時代や明治時代の地図を見ても、川筋は道沿いに流れている。

これまでとの大きな違いは橋の跡がまったくないことだ。「中幡橋」や「山下橋」など、いくつかあった橋は跡形もない。ともあれ道を進むと、やがて中幡庚申塔にたどりつく。たもとには「庚申橋」もあったようだが、やはり現在では痕跡すら確認できない。

ここから水流は極端に屈折し、しばらく確認できなくなって

⑦

いた暗渠道が復活、やがて中野区を縦断する中野通りへと突き当たる。前出の旧・本町小学校の校門前の橋同様、この中野通りに架かっていた橋も名前がわからない。欄干こそないものの、今でも遺っている地覆（欄干の基礎部分）の跡が、かつてここに川筋があったことを物語っている。（画像⑦）

　中野通りを渡ると再び道まかせに進める暗渠が始まるが、このあたりから道幅はいちだんと狭くなり、蛇行の角度もこれまでよりも急になる。徐々にではあるが川幅が狭くなっているのを感じ、上流へ遡行している実感が湧いてくる。下流域のようにタータントラックや自転車置き場にするなどの手を加えた要素もなくなり、日中でもあまり日が射さないただの細い路地へと変わっていく。

暗渠らしい雰囲気を楽しみながら進むと突然にぎやかな商店街の真ん中に出くわし、その先で暗渠は途切れてしまう。学校の敷地に阻まれてしまうからだ。

幡ヶ谷付近に遺る玉川上水新水路の面影

出くわした商店街は「十号通り商店街」。この名前は先にふれた六号通り商店街とともに玉川上水の新水路に深く関わっている。

　ここで少し玉川上水新水路に関してふれておこう。

　江戸時代、わずか8ヵ月で完成させたといわれる、江戸市中への上水道の玉川上水は、やがて老朽化や笹塚付近の極端な蛇行が原因で水質が悪化し、明治時代には赤痢などが流行るほどになってしまった。その対策として計画されたのが、現在高層ビルが建ち並ぶ西新宿の広大な土地に淀橋浄水場を造ることと、杉並区の和泉付近から浄水場までを一直線に結ぶ新水路の建設だった。

　当初、この新水路は中野を通す予定だったようだが、住民の猛反対にあい、逆に水路誘致を歓迎した幡ヶ谷地区に通すこととなった。新水路は浄水場建設によって出た残土をもとに築堤され、明治32年（1899）に竣工した近代上水だったが、それはあくまでも四谷より東に位置する東京の中心部へのものだったため、幡ヶ谷の村人たちは新水路を流れるきれいな水を、指をくわえてながめながら、相変わらずの井戸水生活を強いられた。さらに高い築堤が村を寸断してしまい、結局この新水道は、幡ヶ谷の村人たちにとってあまりよい結果をもたらしてくれるものではなかった。

やがて浄水場への送水路が甲州街道の地下に造られると、新水路はその役目を終え、昭和10年代後半に現在でも使われている水道道路に埋め戻されることとなった。戦後、空襲で焼け野原となった道の両側には、焼け出された人たちのための住宅が造られ、現在でも道沿いに壁のように並んでいる。

話を十号通り商店街に戻そう。

この新水路にも玉川上水や笹塚支流同様に橋が架かり、それらは新宿から順番に番号がつけられていた。そしてこの商店街のある道と水道道路が交わる位置にちょうど10番目の橋があったことから、その名がつけられることとなった。同様に六号通り商店街と水道道路が交わる位置には六号橋があったので、その両側に延びる道が六号通りとよばれるようになったという。

水道道路を越えて笹塚支流の上流へ

さて、この十号通り商店街を迂回し、学校の反対側へ回り込むと、再び暗渠が何ごともなかったかのように続いている。暗渠道はどんどん狭くなり、神田川との合流地点付近の道幅と比べると、1／2から1／3くらいだろうか。かつて川が流れていたときの名残と思われる両岸の低い護岸も、会社の敷地の中などに取り込まれているところが少なくない。低い護岸から飛び出す壊れかけの土管は、かつて下水を川筋へ流していたものだろう。

しばらく進むと、水道道路の土手下へとつながる。この暗渠が水道道路と並走するのはこれが初めてのことだ。

やがて杉並区の方南と渋谷区の笹塚の境界近くにさしかかると、橋として形の遺る最後の「堺橋」（画像⑧）が見えてくる。昭和初期の頃には「境橋」の漢字が当てられていたそうだ。今では片方の欄干の一部だけが遺っている。川筋に掛かっていた橋は全てシンプルな桁橋で、現存するものはRC造ないしコンクリート製だが、さらに江戸や明治の頃は素朴な木橋だったろう。

その後、川筋はますます狭くなり、道としての形をなさない状態になってくる。道の左には川だったときの名残と思われる石積みや草の生い茂る土手が広がっているので、秋にはトンボが飛び交う趣のある土手だったのではないだろうか。

⑧

⑨

ほどなくして『渋谷区の橋』に笹塚支流の源流の一つ（画像⑨）のように記されている付近に到着する。そしてそこから先は杉並区の代田大原地区の湧き水につながるように記されているので、水源は一つではなく、いくつもの小さな湧水が集まって細流になっていたのだろう。

また『渋谷の水車業史』には、明治32年（1899）に玉川上水の新水路の完成後、水路の造営を手伝った幡ヶ谷地区の人々の労をねぎらって、新水路から笹塚支流へ落水する水路が造られたと記されていることから、この水路がかつてつながっていた可能性も考えられる。だがいずれにせよ、源流地点の先には清掃事務所が立ちはだかって、水路の行方はわからなくなっている。

臭いが呼び覚ますかつての東京の記憶

清掃事務所が立ちはだかってその痕跡がわからなくなった水流を、最後の地点から西へ延長すると、やがて環状七号線（環七）へとつながる。それはちょうど水道道路が環七に突き当たってT字路を作っている位置にあたり、その交わる付近に、並走して西へ延びる2本の川筋が見られる。

北側にあるものは、今でもわずかな水流が確認できる小さな側溝状のもの（画像⑩）。そして南側のものは、水流こそ見えないものの、その雰囲気から明らかに暗渠だとわかる道である。

水流が見える北側の側溝は、両岸を完全にコンクリートで固めた、川とよぶにはあまりにも細すぎる水流で、その造りは排水路に近いが、新宿からスタートした暗渠遡行で初めて水面が見える場所だ。

⑩

水はもちろんきれいとはいえないが、淀んでいるふうでもなく、確かに西から東へ、緩やかではあるが流れている。水路はほどなくして住宅の敷地の裏庭へと消えているが、道を迂回すると次の水面が見える水路へと到達することができる。どうやらこの水流は環七から西、ずっと一直線に開渠になっているようだ。

水面は見えるものの水路伝いには進めないので、さらに西へ迂回すると、再び水路に近づける場所がある。ブロック塀に囲まれたその一角には、かつて東京のいたる路地裏にあったドブ川の記憶を鮮烈に甦らせる、鼻を突く臭いがほのかに漂っていた。再び民家の裏庭へ消えていくドブ川は、やがてすぐ隣を流れていた水道道路に交わっているように見える。

一直線に延びる水流であること、そして周囲を人工的に造り込んだきわめて細い水流であることから考えると、おそらくこの水流が、前述の玉川上水新水路から笹塚支流へ落水されていた水流だったのではないだろうか。

代田橋付近は暗渠特有の異空間に

次に、水道道路と環七がT字路を作る場所の南寄りに一直線に延びる細い路地を見てみよう。地表に見える無数のマンホールは、明らかに地下水道が流れていることを現している(画像⑪)。事実、昭和40年（1965）のゼンリンの「住宅地図」を見ても、川筋として記されている。

実際に歩きはじめると、一直線に延びているのは最初の数十メートルで、その後は緩やかな蛇行が続く暗渠らしい暗渠となって、迷うことなく先へ進める。橋跡は一つもないが、ゼンリンの地図には、水路と道が交差するほとんどの場所に橋のマークがあるので、かつてはこの流域にもたくさんの橋があったのだろう。

きわめて細い水路跡をしばらく進むと、これまで交差してきた商店街よりは派手な印象の商店街へ出る。「和泉明店街」という、「名店街」ではなく「明店街」と表記する商店街だ。そして、商店街の名前とは別に、「沖縄タウンへようこそ」という幟をはじめ、いたるところに沖縄や石垣の文字が散見する。沖縄の県民的スナック「ばくだん」を売っている店があったので、一つ頂きながらその理由を店の人に聞くと、もともと杉並区は沖縄学の父といわれる伊波普猷（いはふゆう）をはじめ沖縄に縁深い区で、斜陽だった商店街

⑪

の再生テーマに沖縄を使った、ということだった。どこからともなく流れてくる三線の音色を聴いていると、暗渠がこの不思議な異空間へ誘ってくれる道のようにも感じる。

沖縄タウンをあとにしてさらに進むと、水路跡は小さな十字路へと出る。その一角に建つのは古色蒼然とした大吉市場。パラペットに施された市場名の立体文字や剥落の激しい壁面、そして暗がりの中で営業する八百屋を見ると、さらに時空が歪んだ空間へ迷い込んだ錯覚を覚える。また、すぐ近くには、日本のガウディとも称される建築家、梵寿綱（ぼんじゅこう）の手による奇妙なマンションが建っているので、ここを訪れた際には、ぜひご覧になっていただきたい。

市場の先に続く道は急に広くなり、マンホールも激減、それまでの暗渠道とはまったく違う雰囲気になってしまう。ただ、道の左右に緩やかな傾斜が確認できることから、おそらく古い時代には川筋がつながっていたのだろうが、前出のゼンリン「住宅地図」を見る限り、この十字路で水路は終わっている。

沖縄タウンの前後に伸びる道筋が、緩やかに蛇行する川筋跡らしい暗渠であることから、この水流が代田大原地区の湧き水から流れ出ていた水流跡であり、十字路から少し西に進んだ一帯に、源流となる湧き水があったと考えられる。

甲州街道まで続くもう一つの源流を探して

以上が『渋谷区の橋』には記載されていなかった、杉並区の源流だが、それとは別に、同書には、もう一つ源流の記述がある。「明治末葉地図」を見ると、清掃事務所手前の源流近くから南方向へつながって水道道路の下を通過し、やがて甲州街道へ出るように描かれているので、今度はその水流を見ていくことにしよう。

源流からの合流地点と思われる場所には、かつて玉川上水新水路（現在の水道道路）の下をくぐるための隧道があったと思われるが、その痕跡を見つけることはできなかった（画像⑫）。また、水道道路を南へ渡った先にも、同様に痕跡を見つけることはできない。

そこで、いったん甲州街道へ出てから、川筋を下ることにした。すると、甲州街道沿いのマンションの横に、川筋跡と思われる裏道を発見。途切れ途切れの暗渠を下ると、使われなくなったアパートの裏へとたどり着いた。わずかではあるが、前述の水流が見えた側溝と同様の護岸跡のような

⑫

ものが確認できる（画像⑬）。およそ川筋とは想像できない見た目ではあるもの、水流があった時代の地図と照らし合わせると、川筋の位置にほぼ照合する。

かろうじて玉川上水から落水していた水路の痕跡をたどることができたが、問題は甲州街道の先である。『渋谷の川』によると、もう一つの源流へは、この甲州街道沿いにあった「逆川（さかさがわ）」を経由していたとあるからだ。

これまで見てきた暗渠は、痕跡が遺っていない場所があったとしても、先へ進めば必ずまた暗渠へとつながっている。しかし6車線に増幅され、さらには中央高速道路の高架が設置されるまでに変化を遂げた甲州街道沿いで、かつての水流跡を見つけられるはずもない。ネット上などでは残存する痕跡を報告する記事も散見するが、街道沿いで古くから商店を営んでいそうな何軒かの店に逆川のことを尋ねた限りでは、知る者はいなかった。

この逆川はそもそも人工的に造られた川筋だった。本来、東京は東より西のほうが土地が高く、したがって川もおのずと西から東へと流れるが、この逆川は東から西へ流れていたためにそうよばれるようになった。

そして、この逆さに流れる人工の川筋を造る理由に、もう一つの源流が関係していた。

引水のために生まれた逆川

笹塚支流はもともと水流の少ない川で、水域の周辺に広がる長田圃では常に水不足が悩みの種だった。その水不足を解消するため、旧玉川上水の水を分水し、笹塚支流へ合流させるための川が逆川だった。甲州街道と交差する位置から東へ延びた逆川は、やがて京王線笹塚駅の手前を北上した付近で再び南下し、やがて玉川上水の旧水路へとつながっていた。

京王線笹塚駅の南口界隈には今でも旧玉川上水跡が遺っている。旧上水跡を新宿から遡行すると、甲州街道や京王線に沿って流れる上水跡は、幡ヶ谷を過ぎたあたりから徐々に南へ離れていき、その後大きく蛇行して再び京王線に向かって急接近し、笹塚駅前で急カーブを描いてまた南西方面へと続いている。一番カーブが大きかった場所には、水流が川岸にあたってドンドンという轟音をたてたことから名づけられた「南ドンドン橋」の親柱が遺っ

⑭

ている。

駅前は暗渠になっているものの、その両側のほんの短い区間だけ、近隣住民のたっての願いから暗渠化されていない。特に西側の開渠が始まる場所には「第二号橋」が架かり、そこからながめる水路は両岸の緑も深くてとてもなごめる風景だ（画像⑭）。

『幡ヶ谷郷土誌』を見ると、ちょうどこの第二号橋のたもとあたりから玉川上水の水を分水し、甲州街道沿いに流れる逆川を経由して、笹塚支流へ水を引き込んでいたようだ。つまり、もう一つの源流とは、この旧玉川上水の分水地点のことだったのだ。

湧き水の偽装と弁天様の関係

しかし、笹塚支流への分水量はそれほど多くはなく、分水口の大きさも二寸（約6センチ）四方というあまりにも小さいもので、これはあまたある玉川上水の分水口の中でもっとも小さいものだった。

それでも江戸時代にはしのげた水量だったが、明治に入って笹塚支流の流域に人が増え、水田の数も飛躍的に増加すると、その分水量ではまかなえなくなってきた。当初はこの分水口を拡大し、番所の役人が見回りに来たときだけ元に戻す、といった措置をとっていたようだが、やがてそれがバレてしまうと、幡ヶ谷地区の農民が考えついた苦肉の策は、玉川上水の水を「いただく」作戦だった。

「第二号橋」からほど近い玉川上水のすぐ脇に人工の池を造り、夜な夜な闇にまぎれては玉川上水の水流に到達するまでこの人工池の底から横穴を掘り、やがて玉川上水とつながり池が水で満たされると、あたかも湧き水のように装っては、その池の水を逆川に流し込んだそうだ。

そしてこの池に、113ページでふれた弁天様を祀ることで霊験あらたかな湧き水とし、偽装の湧き水ということを見破られないようにしたというのだ。偽装湧き水の善悪は別として、まだ弁天様という存在が現代よりもはるかに大きな力を持っていた時代を物語るエピソードだろう。

『幡ヶ谷郷土誌』に記された弁天神社があった人工池の付近には、現在では学習塾が入居するビルが建ち、その痕跡は遺っていない。ただ、第二号橋から少し西へ進んだ護岸を見ると、分水口があった石垣が現在でも確認できる（画像⑮）。

⑮

また、第二号橋のたもとには2本の導水管があったり、北へ向かう下水管と思われる穴が口を開けたりしているので、もしかしたらこれらは当時の名残なのかもしれない。

大正時代になると、幡ヶ谷地区の農村を苦しめた取水制限も緩和され、湧き池を偽装する必要もなくなった結果、本尊の弁天様は前述の氷川神社へ移されることになったという。

消えた弁天様と消えた笹塚支流

かつて流域の人々の命運を担った弁天様の摂社は、今では115ページでふれた氷川神社の境内の片隅に打ち棄てられたような状態で佇んでいる（画像⑯）。祠の扁額には本来の「市寸島神社」ではなく「厳島神社」の文字が書かれてある。しかし祠の中に弁天様はおらず、神殿の中は空っぽの状態だった。

かつて幡ヶ谷地区の農村を救った弁天様はどこへ消えたのだろうか？　あるいはもうこの世にはないのだろうか？　ひょっとしたら、役割を終えて姿を消してしまった弁天様は、農業用水・生活用水としての役割を終えて暗渠となった笹塚支流の象徴だったのかもしれない。

画像・文／黒沢永紀

⑯

Special Report 4

住宅街を流れた「幻の川」存在わずか数十年 善福寺川支流・松庵川

西荻窪駅付近から発した人工の川

JR中央線は荻窪駅を出ると善福寺川を渡る。その先から西荻窪駅にかけて、線路南側の一帯には、整然とした区画に閑静な住宅街が広がっている。ふつうの地図を眺める限りでは、道路の並びからも平坦な土地であるように見える。ところが地形のわかる地図などで同じ場所を見てみると、西荻窪駅の西、線路の北側の吉祥女子高校のあるあたりが窪地となっていて、そこから南東に谷筋が延びているのがわかる。かなり浅い谷だが、環八通りの東で向きを北に変え、荻窪駅南の善福寺川まで続いている。大きく蛇行するその様はあたかも川のようだ。

実は、かつてここには確かに川が流れていた。しかもそれは人工の川だった。最近では「松庵(しょうあん)川」と呼ばれているこの川は、雨水や排水、そして中央線を建設した際に湧き出た水を集める排水路で、大正12年に開削された。松庵川という呼称は、暗渠化後にとある郷土史家が仮称として名づけたものが広まったもので、当時は流路の大部分を通る大宮前新田の地名から「大宮前大下水」などと呼ばれていた。

松庵川の流れていた谷が始まる地点の標高は50メートル。これは、神田川水源の井の頭池や、善福寺川水源の善福寺池、石神井川の主要水源である三宝寺池と同じで、東京・山の手地域の川の水源を探る際にカギとなる標高として知られる。おそらく大昔は、他の水源と同様に水が湧き、川が流れ出していたのだろう。そしてその川が残した谷に沿って改めて造られたのが松庵川というわけだ。

松庵川はその規模に対し知る人も少なく文献もほとんど見られない、いわば「幻の川」だ。暗渠化された川のルートは、地図上からはほとんど見て取れず、どこを流れていたのか皆目見当がつかない。だが実際に現地に赴き、わずかな地形の高低差に沿って歩いてみると、そこには川の痕跡をはっきりと見つけ出すことができる。

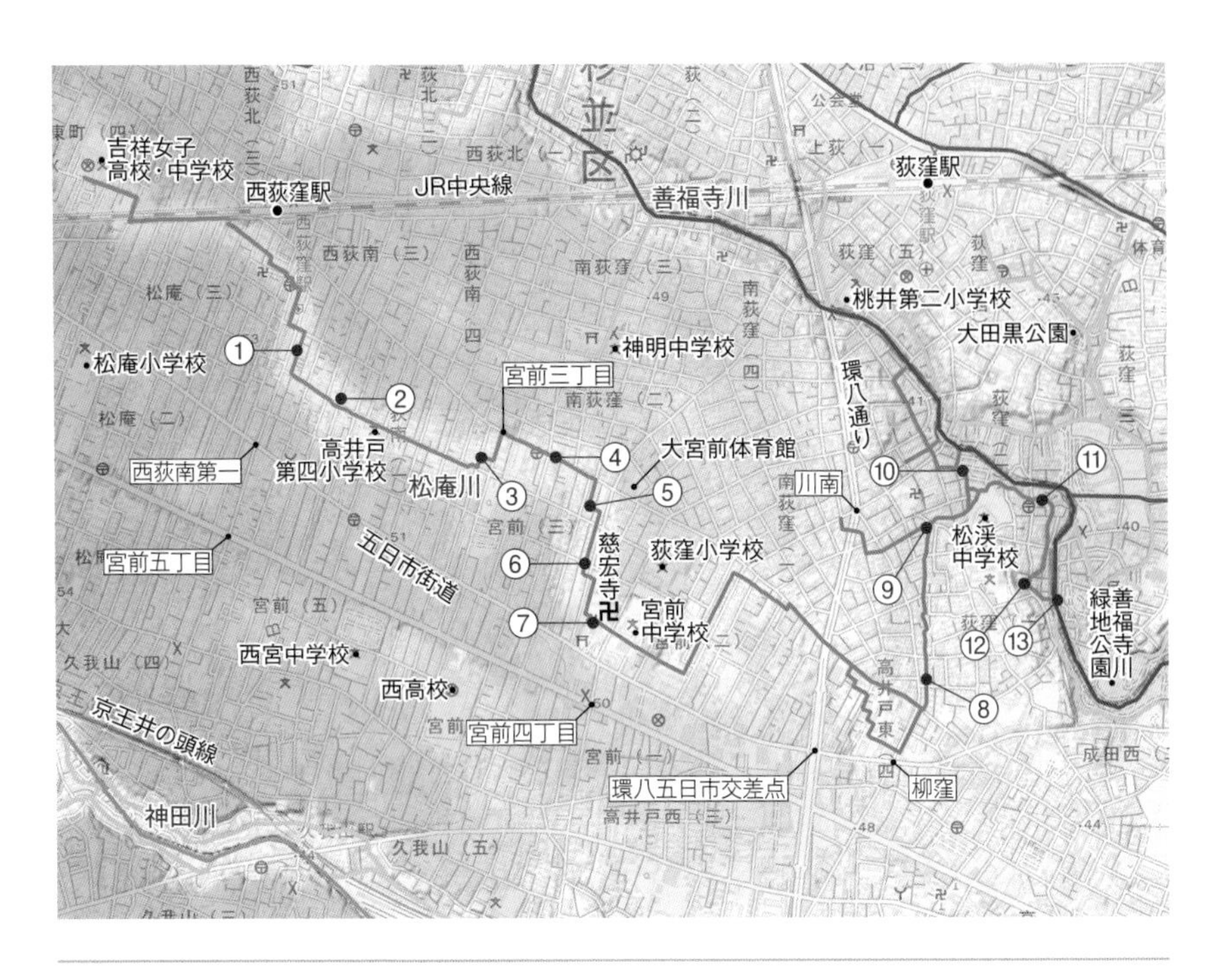

最上流部で開渠を発見

松庵川は、西荻窪駅北西にあった「松庵窪」に流れを発していた。西荻窪駅の南西側の道路沿いから南に延びる何本かの道を見ると、その先が明らかに窪地となっているのがわかる。

駅の南に、低くなっているところを通る暗渠らしき道がある。すぐに痕跡は消えてしまう。しばらく谷底を選びながらさまよってみると、住宅の建ち並ぶ隙間に、北北東から細いコンクリート溝の水路が延びてきているのが確認できる。当然ながら水はまったくなく、草が生い茂っているが、松庵川の名残だ（写真①）。

水路はこの地点で東南東に直角に向きを変え、通称「そよかぜ通り」とよばれる高井戸第四小学校の前を通る一直線の道沿いに

流れていた。通りの北側が不自然に幅広な歩道となっている。これが水路跡だ。歩道の位置は川跡に忠実で、川が道の南側へ移っていた地点では歩道も南側に切り替わっている（写真②）。しばらく進むと、杉並区内で暗渠を見つけるときのランドマークである「金太郎の車止め」も見られる。

中流部ではジグザグに進む

その後、川は直角に北北東（左）に曲がり、さらにすぐに再び東南東（右）に向きを変える。アスファルトの路面に、埋めた水路の梁のかたちが梯子状に浮かび上がっている。（写真③）ここでいったん痕跡は消えてしまうが、神明通りに出て東に進むと、杉並宮前三郵便局を過ぎたあたりから、再び川の痕跡が現れる。

ここからしばらくは神明通りの南側沿いを南東に向かって暗渠が続く。水路敷を部分的に払い下げたのか、建物や民家が水路敷まで張り出している部分もあるが、さらに進むと、橋や川沿いの欄干などが残された区間も出現する（写真④）。いかにも「暗渠」な風景だ。

やがて神明通りが微高地にさしかかり、わずかに上り坂になると、松庵川はこの微高地を迂回するように通りを離れ、南南西（右）に直角に曲がる。川跡をたどる際には、この地表の凸凹に敏感になることが大きな手がかりとなる。

一帯は江戸期に五日市街道に沿って大宮前新田として開拓された土地で、水路は街道に直交する短冊状の区割りの境界をシフトしながら進んでいくため、直角に折れ曲がりながらジグザグに進

んでいく（写真⑤⑥）。そして、微高地の南端にあたる慈宏寺（じこうじ）に到達すると、その境内で、川は南東に向きを変える。墓地から続く、一見ただの石畳に見える道。これが暗渠である（写真⑦）。暗渠は、寺の境内を抜けると、宮前中学校の前で再び姿を消してしまう。

この先しばらくの区間、松庵川のルートはまったくわからなくなるが、いくつかの古い地図からは、水路は微高地を回り込むようにして、宮前けやき緑地付近で再び北上、そして神明通りの近くまで戻ったのち、通り沿いに環八方面に向かっていたことがわかる。現在の地図でも、家々に挟まれた裏手に水路敷らしき道が描かれているものがあった。家に囲まれて近づいたり踏み入ることはまったくできなさそうだが、どこかで神明通りに出るところがあるはずだ。

さんざん探し回った果てに、とある民家の庭先でそれを発見した。北に向かっていた水路は神明通りにぶつかる直前であるこの民家の裏手で、右（東）に直角に曲がっていた。しかし、水路は民家の前を通る道路にぶつかる地点で途絶えている。そこから先（東）は駐車場の境界線などの怪しい空間や、数枚だけ残る蓋暗渠などがいくつか東に断続的に続いていて、これらを通って最終的に神明通り沿いに出ていたようだ。

松庵川は、通常の河川や水路と違い、水路敷のほとんどが私有地だったという。このため、水路が使われなくなると、土地所有者の都合によっては、敷地はすぐに転用された。これが、痕跡が断続的である原因の一つのようだ。

下流域は蛇行などが残る

神明通りを進んで環八を越え、高井戸東4丁目の交差点を過ぎてすぐのところで、北上するはっきりとした水路跡が現れる。一帯は「柳窪(やなぎくぼ)」とよばれていた窪地だ。ここより下流は、もともと柳窪に集まる水が流れていた小川で、地元では堺堀と呼ばれていたという。そこに松庵川が接続されたわけだ。そのため、ここまでの直線的な暗渠とは異なり、ゆったりと曲がりくねっており、周囲との高低差も見られる暗渠らしい路地だ(写真⑧)。

道なりに進んでいくと、コンクリート蓋を組み合わせた奇妙な三角形の空間が現れる。(写真⑨)振り返れば、西側からまっすぐな路地がやってきている。つまり支流の暗渠の合流地点ということだ。こちらは以前はコンクリート蓋の連なる暗渠だったが、近年遊歩道風に整備された。この支流は西南西にほぼまっすぐ、環八通り付近まで遡ることができる。

合流地点のすぐ先から松庵川は歩くとガタゴトと音のするコンクリート蓋の暗渠となる。松渓(しょうけい)中学校の北側一帯では、水路の跡や暗渠が複数あり、複雑に入り組んでいる。一つをたどると、小さな橋の跡があった(写真⑩)。善福寺川にかなり接近していることや、暗渠の残存の様子の違いなどを見ると、この付近から善福寺川へショートカットする合流路を造ったことがあったのではないかと想像される。

本来の松庵川流路は、松渓中学校の北側に回り込んだあと、善福寺川の松渓橋のすぐそばまで来るが、ここでは合流せずに、善

⑧

⑨

⑩

福寺川の蛇行に沿って、その右岸を南下していた。この区間は、もともとは善福寺川のあげ堀（灌漑用の並行分水路）だったのかもしれない。水路はふつうの道路となってしまっており（写真⑪）、道の曲がり具合以外に川の痕跡はないが、東京都の「下水道台帳」を見ると、しっかり「水路敷」扱い、つまり暗渠ということになっている。たどっていくと、西田小学校の東側で再び蓋つきの暗渠が現れる。金太郎の車止めつきだ（写真⑫）。そして、神通橋の手前で善福寺川に合流していた（写真⑬）。護岸には穴が開いているが、水はまったく枯れ果てている。

松庵川は大正後期に開削されたが、周囲の急速な宅地化で、昭和初期にはすでに下水化していたという。そして、戦後には氾濫対策として、中流域（川が神明通りからいったん離れて南に向かっている地点。宮前2−2の西）から北にまっすぐに向かう暗渠を造って、直接善福寺川に水が流れるようにしたという。その時点で上流部と下流部は分離されたのだろう。その後、下水道の整備で不要となった川は蓋をされ、あるいは埋め立てられて、姿を消してしまった。「そよかぜ通り」沿いの水路がなくなったのは昭和38年（1963）のことだという。

松庵川が全区間つながって一つの川として存在していたのは、ほんの数十年の期間だった。しかし、その痕跡は断片的ではあるものの、しっかりと残っている。区間によってがらりと変わるその様相は、暗渠歩きに他とは一味違った愉しみをもたらすだろう。

写真・文／本田 創

Ⅲ

源流域に網の目のように広がる小河川を持つ川

目黒川支流の暗渠

世田谷区全域と目黒区北部の水を集めた

春になると美しいサクラで彩られる目黒川。目黒付近の川沿いは特に花見の名所として、また近年はおしゃれなスポットとして人気を集めている。かつてはこの下流部は海からの水運路として、また上流部の支流群は田畑の灌漑(かんがい)の水源として、流域の人々の生活を支えていた。

目黒川は、世田谷区内を流れてきた烏山(からすやま)川と北沢川が合流する世田谷区池尻を始点とし、りんかい線天王洲アイル駅付近で運河を経て東京湾に注いでいる。

上流の約500メートルの区間（世田谷区池尻）は、2000年頃まではたんに蓋をしただけで水路敷(すいろじき)には立ち入りできない状態が続いていたが、近年整備が完了し、人工のせせらぎの流れる緑道として生まれ変わった。大橋（目黒区大橋2丁目）の下から開渠になり、水が流れている。これは東京都が推進してきた清流復活事業

東京湾に注ぎ込む　河口付近の目黒川。天王洲南運河に合流して東京湾へ。

によるもので、目黒川には、落合処理場（新宿区上落合）から、1日約3万トンの高度処理水が放流されている。

目黒川の源流となっていた小河川は網の目のように広がり、その総延長は目黒川本流の数倍に及ぶ。①北沢川と⑥烏山川以外の、主な支流を紹介していこう（丸数字は、本書の掲載順）。東京大学駒場キャンパスなどに源をもつ②空川が、首都高速大橋ジャンクションの東（大橋1丁目付近）で目黒川に合流する。次いで、上目黒1丁目、東急東横線中目黒駅の脇で、右岸から③蛇崩川が合流する。蛇崩川は世田谷区の弦巻一帯を水源とし、下馬などをへて流れていた。合流点のすぐ下流にあったのが「船入場」で、かつては江戸湾から上がってきた水運船がここまで来ていた。

さらに、目黒区民センター公園（目黒2丁目）の付近で④谷戸前川、下目黒2丁目で⑤羅漢寺川がそれぞれ合流する。谷戸前川は、目黒区祐天寺や中央町あたりから東進していた。羅漢寺川は目黒区と品川区にまたがる「林試の森公園」の北の数カ所から発する、やや小さな支流だ。

この目黒川流域の南縁を品川用水（210ページ参照）が通っていた。かつて沿岸にあった田畑を潤してきた品川用水は、品川区内で複数の小さな水路に分かれて合流していた。いずれも流路はほぼすべてが暗渠化されており、それらの流れていた場所は道路や遊歩道となっている。ただし、残念なことに、小さなもの以外は合流口すら残っていないことがほとんどだ。これは目黒川が増水した際に逆流して洪水が起きるのを防ぐためで、暗渠とはいえ、地下の水路はすでにつながっていないことになる。

それでも、現地を訪れて想像をふくらませれば、かつての水路網が見えてくるはずだ。

写真・文／世田谷の川探検隊

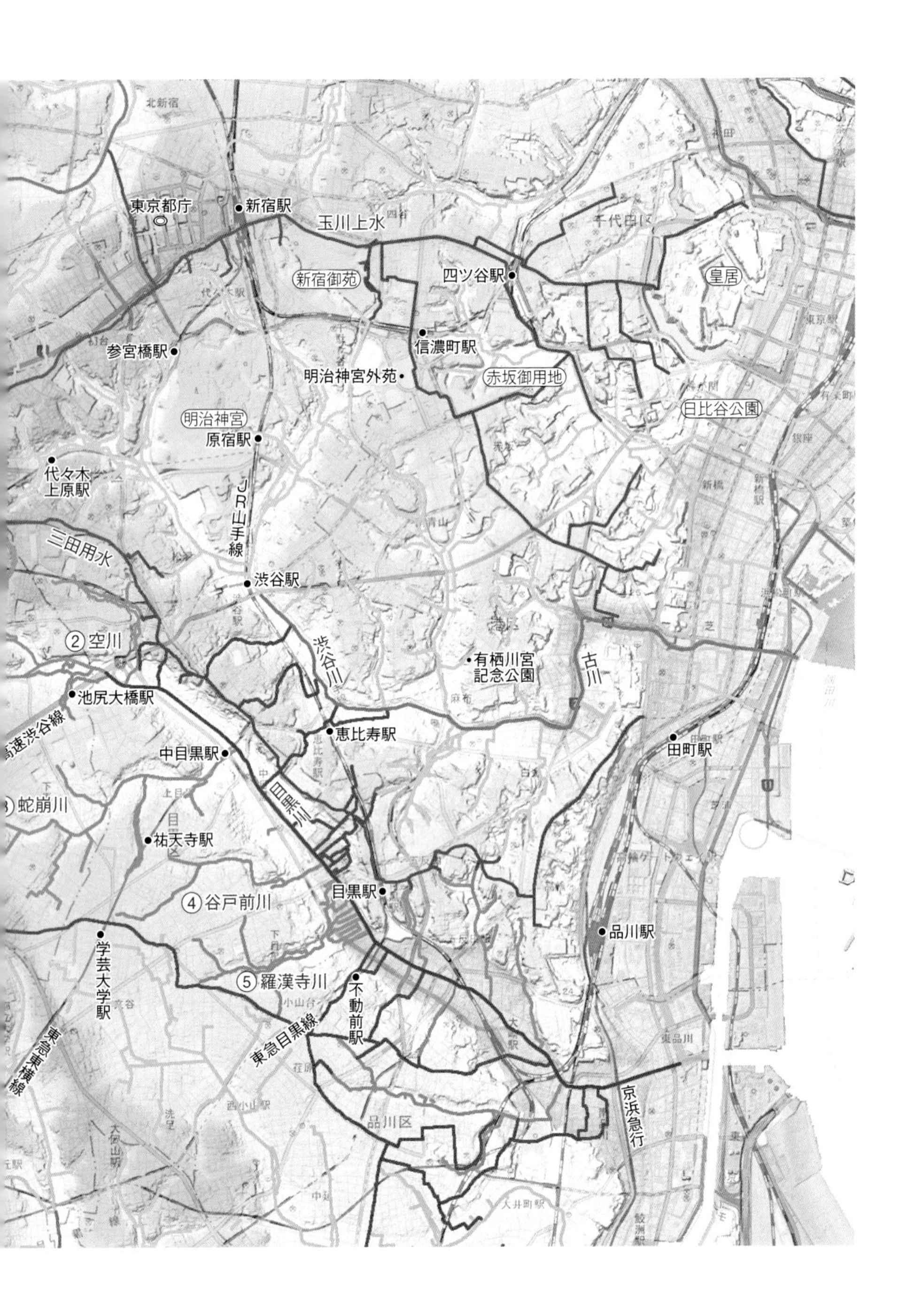
東京都庁
新宿駅
玉川上水
新宿御苑
四ツ谷駅
皇居
信濃町駅
参宮橋駅
明治神宮外苑
赤坂御用地
日比谷公園
明治神宮
原宿駅
代々木上原駅
JR山手線
三田用水
渋谷駅
②空川
渋谷川
有栖川宮記念公園
古川
池尻大橋駅
恵比寿駅
首都高速渋谷線
中目黒駅
田町駅
③蛇崩川
目黒川
祐天寺駅
目黒駅
④谷戸前川
品川駅
学芸大学駅
⑤羅漢寺川
不動前駅
東急目黒線
東急東横線
品川区
京浜急行

三鷹台駅
久我山駅
玉川上水
高井戸駅
善福寺川
京王井の頭線
永福町駅
中央自動車道
神田川
芦花公園駅
上北沢駅
下高井戸駅
明大前駅
京王線
千歳烏山駅
仙川駅
① 北沢川
環八通り
仙川
経堂駅
豪徳寺駅
環七通り
⑥ 烏山川
千歳船橋駅
野川
小田急小田原線
東急世田谷線
成城学園前駅
世田谷区
喜多見駅
桜新町駅
駒沢大学駅
砧公園
品川用水
用賀駅
玉川通り
駒沢オリンピック
東名高速道路
東急田園都市線
多摩川
宿河原駅
目黒

1 北沢川

北沢川は、上北沢から桜上水・赤堤・宮坂・代田・代沢などを経ながら東に流れ、右岸から流れてきた烏山川と三宿で合流して目黒川となる。水源は、現在の松沢病院敷地内の池など、上北沢一帯のいくつかの湧水だったと考えられている。昭和50年代に全域が暗渠化され、地表は北沢川緑道として整備された。

近年、この緑道の再整備が行われており、人工の「せせらぎ」の設置、残されていた橋の欄干の撤去などが進んでいる。真新しく明るい緑道は歩いていて気持ちのいいものだが、暗渠をたどるという意味では、かなり物足りない気がしてしまう。

もともとの北沢川は水量の少ない小さな川だったようだが、万治元年（１６５８）、玉川上水からの分水が幕府に認められて水路が開削され、北沢川の上流に引水された。これが北沢用水である。現在も、上北沢一帯にはかつて用水として活躍した水路の痕跡があちこちに残っている。

北沢用水の分水口は、二度にわたって移動されたので、都合

①取り残された橋　世田谷区上北沢。北沢用水の痕跡だ。ほとんどの用水路は、宅地化の進んだ昭和30〜40年代に整理され、埋められてしまった。残った数本には生活排水が流し込まれたりもしたが、そうした変化の中で欄干だけが取り残された。

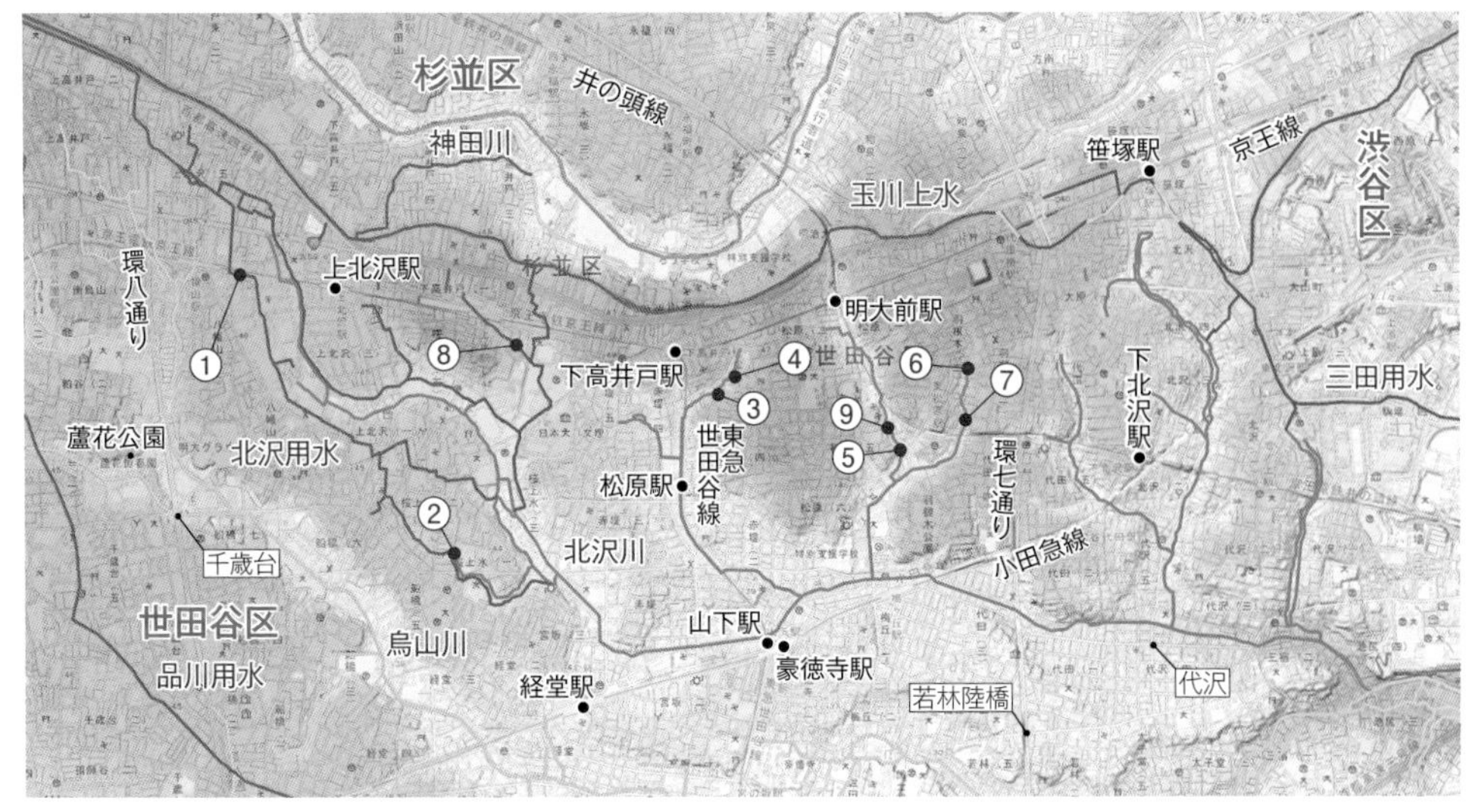

④**かつての護岸が残る**　赤堤・松原を流れていた支流の跡。上流端は玉川上水のごく近くであるが上水の分水ではない。かつての石組みの護岸がそのまま残っている。

②**マンホールの多い暗渠の道**　世田谷区上北沢から桜上水を下ってくる支流。上流部にはわずかながら畑が残り、その中央を流れていた。

③**並行する道路と暗渠**　暗渠の傍に設けられた道に、車止めとマンホールが並んでいる。左右どちらが暗渠なのかわかるだろうか。

⑤**名もない小さな橋**　世田谷区松原。明大前駅の近くから流れていた支流に架かる小さな橋。欄干もきれいに残っているが橋名は記されていない。この支流は随所に開渠が残っていたが数年前に大部分が暗渠となった。

⑦**水は低きに流れる**　駐車場の裏、一段低いところを流れている。これも暗渠めぐりをしているとよく出くわすパターンだ。たまに車がフェンスを突き破りかけていたりする。

⑥**蛇行する川跡の道**　世田谷区羽根木から梅丘にかけて流れていた支流の跡。見事な異空間が残されているが、周辺の民家は建て替えが進み、様相は急速に変化している。

⑧支流の細い暗渠　世田谷区桜上水。玉川上水のそばの谷から北沢川に流れ込んでいた支流の跡だ。江戸時代に開削された北沢分水の最初の流路の跡とも思われる暗渠が、この近くに残されている。

⑨世田谷区東松原　リネン工場の跡地にスポーツクラブがオープンし、その敷地内で鉄板に覆われていた暗渠もオープンされた。後に改めてコンクリートで塞がれるまで、こんな奇妙な光景を見ることができた。

3本のルートがあったことになる。これらは、いずれも一部が暗渠として現在も残っている。17世紀に造られた(かもしれない)水路が今も残っていて、しかもなんら特別扱いされていないというのは、ちょっとロマンチックな話ではないだろうか。

また、下流の流域にも、古くからある小さな流れが暗渠となって残っている。こうした小さな支流が、知る人ぞ知る生活道路になっていたり、忘れられた空間になっていたりする。北沢川の魅力は支流にこそある。

周辺の古い家並みがここ数年で次々に消滅しているが、水路の古い護岸とコンクリートの奇妙なせめぎあいなど、「昭和」を感じさせる各種の人工物は見逃せない。これらを愛(め)でながら歩いてみたい。

写真・文／世田谷の川探検隊

2 空川

空川は、駒場野公園内の池、東京大学教養学部内の池などを水源として、目黒村大字上目黒（現在の駒場1丁目）を東南に流れ、さらに現在の山手通りとほぼ並行するように南に流れ、青葉台3丁目付近の複数の箇所で目黒川に合流していた。目黒川沿岸の水田に引かれていたため、合流点は時代ごとに変わり、下流の水路がどこにあったかは非常にわかりにくい。暗渠化されることなく、そのまま埋められてしまうことが多いのだろう。その上に建物が造られてしまうと、もう何も残らないことになる。

上流部にあたる駒場野公園とその周辺は、明治時代に駒場農学校があった場所で、谷あいの湧水による池を水源とした日本最初の実験田「ケルネル田圃」が現在もある。これは駒場農学校で日本の農業の近代化に取り組んだドイツ人学者の名にちなんでいる。

もう一つの水源である東大教養学部内の池は、東側を流れていた三田用水の流路下に広がる細長い池で、谷頭となっている北端

①クランク状の川跡　ここでは小さな崖下を流れており、左右の様相がまったく違う。張り巡らされたフェンスが不思議な雰囲気を醸し出す。

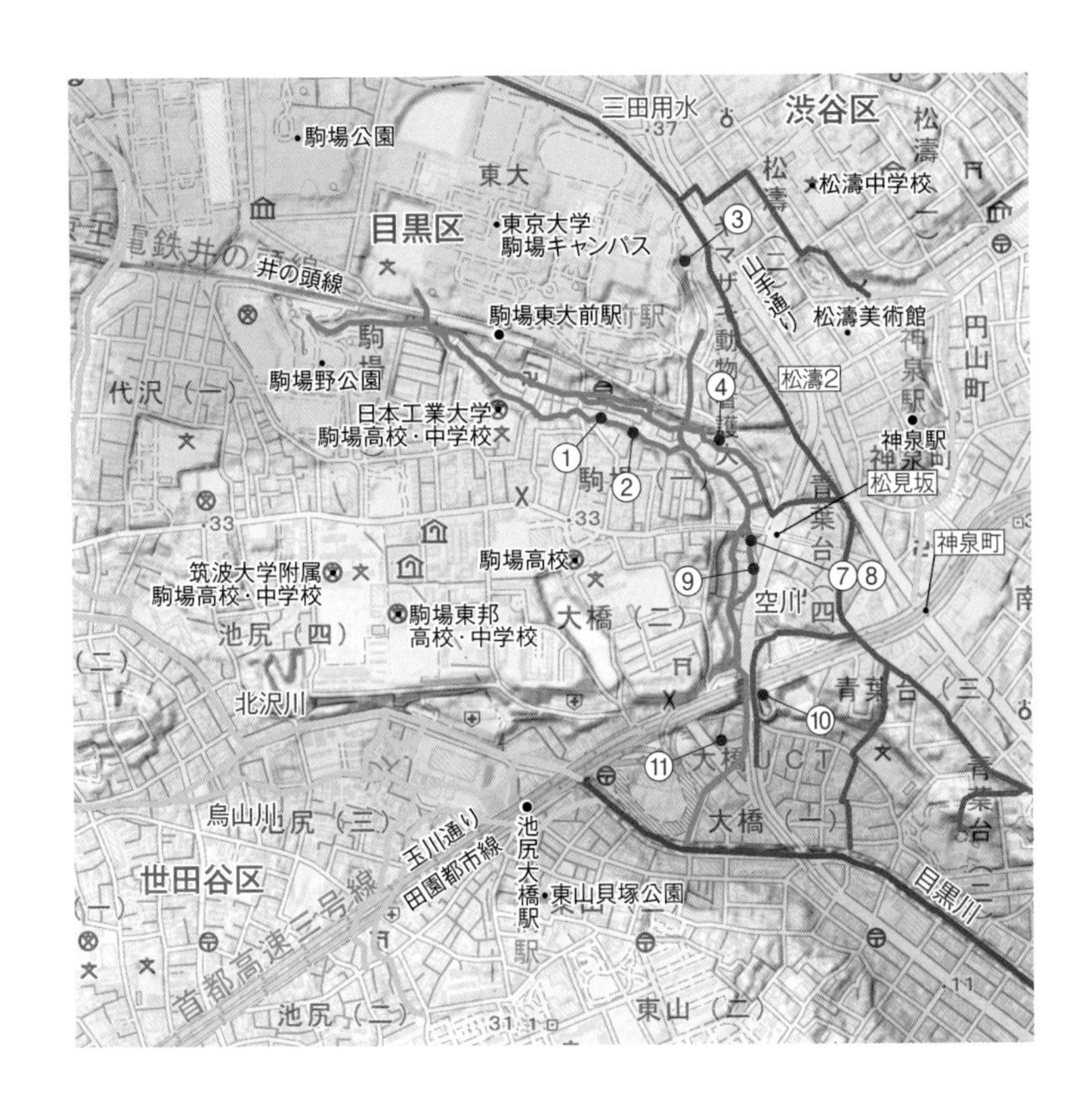

③**東大構内の水源地**　水源の一つ、東大教養学部内の池。ここから200メートルほどしか離れていない場所に鍋島松濤公園（渋谷区）の池がある。二つの池の境界線上をかつて三田用水が流れていた。

②**護岸らしき石組みが残る**　周辺の民家の建て替えが進み、急速に変化している一帯。よく見るとかつての護岸らしき石組みが残っている。一段高いところはかつては材木置き場になっていた。

⑧かつてあった橋の親柱が残る　松見坂地蔵尊のそばに置かれた遠江橋（とほつあふみはし）の親柱。一緒に置かれている石碑には「享保十一年」の文字が見える。享保は徳川吉宗の時代。駒場は徳川時代に将軍の鷹狩りが行われた場所だ。

⑨山手通りとの交差点　土盛りして造られた山手通りの上から、川跡を見下ろしている。川はこのまま道路の下に消えていくが、そこで下水道に入ってしまうらしく続きの流路は簡単には見つからない。

④立ち入り禁止の川跡　舗装されているもののフェンスでふさがれていて入れない。不法な立ち入りを防ぐための措置という側面があるのかもしれない。

⑤明るい川跡　ここは歩くことができるが、近隣の住戸とはフェンスで仕切られているので地元の住民でもここを通ることはなさそうだ。煌々と街灯が灯されており、防犯対策が徹底していることを感じさせる。

⑥雑草対策　地表を防草シートで処理。近年こうした暗渠をよく見かける。その一方で、大谷石と軽量ブロックによる土留めが時代を感じさせる。

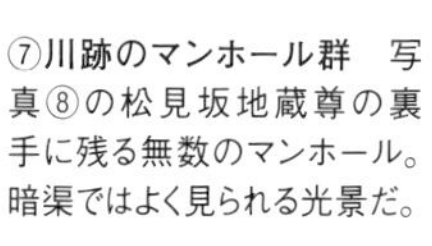

⑦川跡のマンホール群　写真⑧の松見坂地蔵尊の裏手に残る無数のマンホール。暗渠ではよく見られる光景だ。

⑩高架下の川跡　わずかに残された流路跡が歩行者用の通路になっている。この先で空川は複数のルートに分岐していたようで、わかりやすい痕跡はほとんどない。

⑪この一帯は水田だった　かつての水田跡。これも山手通りから見下ろしている。どうやら眼下の道路が流路跡らしいのだが、暗渠っぽい感じはほとんどない。

からは、三田用水が消滅した現在でも水が湧いている。

きわめてわかりやすい水源が残っている空川だが、暗渠化された川跡は多くの場所で立ち入りが制限され、全ルートを直接たどって歩くことは難しい。おそらく周辺地域の防犯対策などによるものと思われるが、いっぽうで災害時の避難路としての整備が進むなど、小さな変化が続いているのも見逃せない。

フェンスの奥を垣間見て、せつない思いが募るのを逆に楽しむのも、暗渠歩きの醍醐味の一つ……かもしれない。

下流域の空川は、目黒川沿いの水田に引かれていた。それに加えて目黒川自体が現在と異なる流路であったため、空川の流路や合流点はもはや残っていない。だが、それらしいルート（複数ある）をたどることは不可能ではない。

空川はあっけなくビル群の中に飲み込まれるかに見えて、したたかに残っている。　**写真・文／世田谷の川探検隊**

3 蛇崩川

蛇崩川は、窪地になった世田谷区弦巻一帯に周辺の湧水が集まってできた川である。弦巻から上馬・下馬、目黒区に入って上目黒を東に流れ、東急東横線の中目黒駅近くで目黒川に合流している。

合流点付近のわずかな区間が開渠になっており、流れてくる水を見ることができるが、ほかはすべて暗渠化されている。

蛇崩川緑道は、馬事公苑（世田谷区上用賀2丁目）付近までさかのぼることができる。しかし、本来の水源はそのかなり手前にある湧水で、上流は品川用水から引かれた分水の痕跡と思われる。この分水は、寛文9年（1669）、世田谷領内四カ所に造られたが、水量が減ったと下流の村から抗議が上がったため、わずか20年後に閉鎖されている。

その後も恒常的になんらかの水流があったためと考えられるが、閉鎖されたはずの水路が300年後の現在も暗渠となって残っているというのは、なんとなくミステリアスな話である。

蛇崩川はこの上流端の謎に気を取られがちだが、支流をたどってみると、さらにおもしろい。目黒区上目黒4丁目付近で、祐天寺方面から流れてき

①かつてあった橋の欄干　世田谷区弦巻。八幡（やはた）橋の小さな欄干。残念ながら撤去されてしまった。

②環七高架下の橋の痕跡　蛇崩川が環七と交差するところにあった欄干らしき痕跡。橋名板はない。流路が緑道として整備された後もしばらく残されていたがこれも撤去されてしまった。

③暗渠にかかる朱塗りの橋
駒繋神社（世田谷区下馬）。ここで蛇崩川は小高い丘を中心に大きく半円を描く。この丘の上に本殿がある。赤い橋が架かっているがその下に水はなく、暗渠になっている。

④撤去されてしまった欄干
川や橋の痕跡があまり残されていない蛇崩川本流で、ひときわ存在感を放っていたのがこの二三橋。これも現在は撤去され、御影石の親柱だけが近くに残されている。

⑤駒沢緑泉公園支流　世田谷区駒沢。駒沢緑泉公園付近の湧水などを水源としていたと思われる大きな谷筋の支流。品川用水はこの谷を大きく迂回して造られている。この支流の上流で品川用水の堤に穴を開けて水を盗んでいた事件の記録がある。大正時代にこの近くに造られた渋谷町水道は、余水をこの谷に落としていたかもしれない。

⑥駒沢緑泉公園支流　駒沢公園通りのきわに深い谷が刻まれている。谷底の川跡は近年まで未舗装だったが、現在は防草シートで処理された。下流の水路はすでにほぼ消滅しているが、さまざまな歴史を秘めた小さな秘境だ。

⑨これも支流、小さな開渠　小泉公園（世田谷区上馬５丁目・駒沢２丁目）付近に残る小さな開渠。通常は水はないが、おそらく現役。蛇崩川の流路は古くからこの一帯の雨水や湧水を集めていたと思われ、小泉公園の地下には数年前に雨水調整池が造られた。

⑦⑧住宅街を抜けていく　いずれも目黒区五本木。五本木小学校付近から流れていた支流の跡。目黒区によって緑道として整備されているが、すでにいい感じにさびれた空間になっている。

⑩直線状に残る川跡　弦巻中学の北にあるきれいな直線の水路跡。長さは300メートルほどしかないがそれでいて幅が広い。人工的なもののように見えるが、古地図にも短い直線状の谷が描かれている。

た支流が合流している。この支流は「蛇崩川支流緑道」として目黒区によって整備されているが、すでにかなり古く、味のある遊歩道である。

　また、駒沢給水所付近（現在の弦巻2丁目の南辺）には、深い谷筋が残る。下流の流路は失われてしまっているが、これも蛇崩川の支流として紹介しておこう。その上流は品川用水のごく近くで、用水からの盗水が行われていたことが記録にある。下手人は「狐が開けた巣穴から水が出ていたので使った」と申し開きをしたという。なお、駒沢給水所も一見の価値ある施設である。

写真・文／世田谷の川探検隊

4 谷戸前川

①川跡によく見られる車止め　暗渠につきものの車止め。これがあると「暗渠だ」と安心できる（が、中には例外もあるので注意）。

谷戸前（やとまえ）川は、旧・東京府荏原（えばら）郡中目黒村を流れていた小さな川。水源は旧・目黒区立第六中学校（中央町2丁目）一帯の湧水で、北東に流れて祐天寺の南側を経由し、蛇行しながら東南東に流れて、目黒区民センター公園（目黒2丁目）付近で目黒川に合流していた。

かつては2本の流れが並行し、流域は細長い水田だったが、宅地化が進んだあとは生活排水などが流されていたと思われる。

昭和50年代に全域が暗渠化され、現在は谷戸前川緑道という遊歩道になっている。名前の由来は、祐天寺付近の旧字名「谷戸前」によるものか。下流部は、大きな道路にほとんど出合うことのない小ぢんまりとした印象の暗渠である。

下流から、目に見えるままに暗渠をたどっていくと、やがて祐天寺2丁目交差点付近に到達する。古地図を調べると、このルートに水が流れるようになったのは、比較的新しい時期であるらしい。

いっぽう、中町から中央町に続く「中町通り」は浅く長いV字谷の底であり、明治末期にはこの一帯が水田だったようだ。

③**谷戸前川の名残**　コンクリート塀の基礎部分は、かつて水路だったころの護岸だ。しかもアスファルト上には水路に架かっていた棒の跡が浮き出ている。つまり、この水路は単純に埋められてしまった（厳密には暗渠ではない）ことがわかる。とはいえ、まあ川跡には違いない。

②**非常に狭い路地**　一見すると入っていいものか戸惑うが、道が続いている。こうした物件に出会うのも暗渠歩きの楽しみの一つだ。

④道路とほぼ同じ幅をもつ「豪華な」舗道　このような場所で遊んだ記憶を持つ人は多いだろう。さらに年配の人に訊くと、「昔はここで釣りをしたもんだよ」という答えが返ってくるかもしれない。

⑤川沿いの庚申塔　古い道が交わるところにある庚申塔。「寛政十年」という文字が刻まれている。18 世紀末のものだ。道の 1 本は、馬喰坂をへて目黒川に架かる田道橋に続いている。ここから下流が谷戸前川緑道として整備されている。

⑥緑道を明示するゲート　谷戸前川緑道独特（?）のゲート。おそらくかつてはかなりモダンに見えたことだろう。ここが緑道になったのは昭和 50 年代のことなので、やや古びた雰囲気が気持ちいい。

⑦**緑道に設けられたベンチ** 川筋が谷底であることがよくわかる。崖の上は大塚山公園。崖下の緑道にも公園の雰囲気が漏れ出しているが、よく見りゃベンチはゲート（写真⑥）と共通デザイン。

⑧**川であった証拠が垣間見える** 緑道をさらに進んでいくと、ここが川だった証拠が現れる。これは単なる縁石ではなく、護岸の跡だ。

旧・目黒区立第六中学校付近では、住宅地内にうねうねと蛇行する、いかにも川でしたという風情の道路が続く。

さらに上流部は、品川用水の影響、もしくは人為的な引水が行われていたようで、痕跡をたどると目黒区鷹番までさかのぼれる。

ちなみに、祐天寺2丁目交差点のルートの上流端近くには、蛇崩川支流緑道がある。こちらも小ぶりで味のある暗渠なので、あわせてたどってみるといいだろう。

写真・文／世田谷の川探検隊

⑨**蛇行しながら延びる川跡の道** 崖下をくねりながら続く道。ここを下っていくと、目黒川との合流点はまもなくだ。

5 羅漢寺川

①**崖下を通る暗渠道**　最上流部に近い羅漢寺川緑道。小さいながらも深い崖下の道。整備される以前はどんな状態だったのかを想像しながら歩いてみると楽しい。

羅漢寺（らかんじ）川は、旧・東京府荏原郡下目黒村（現在の目黒区下目黒3丁目から6丁目と目黒区本町・品川区小山台の境界）を流れていた小さな川で、主要部分の延長は2キロ程度しかない。

下流で瀧泉寺（りゅうせんじ）（目黒不動尊）の門前を流れていたようであるが、この境内のいくつかの池や滝も水源の一つである。なお、瀧泉寺の裏山にあたる高台には、縄文から弥生時代の遺跡が確認されている。

現在では流路はすべて暗渠となっているが、起伏の多い地形に助けられてその痕跡ははっきり残っており、かなり正確にたどることができる。目黒川に合流する直前だけは流路がほとんどわからなくなっているが、これはかつてこの一帯が水田であったためでもある。

②目黒競馬場からの流路　北側の暗渠を下流からさかのぼってくると、ここで途切れる。実際は北に続きの谷筋がある。かつてあった競馬場内から流れてきた水がここに流れ込んでいたはずだ。

③いかにもな暗渠の道　暗渠につきものの車止めが続く。車輌の重みで陥没しないためのものだが、おかげでネコが堂々と寝そべっていたり、誰かが日向ぼっこするための椅子が置いてあったりする。

④斜面の下を延びていく　高台の斜面の下に続く川跡。日当たりはあまりよくなさそうなのに、妙に植物たちの元気がいいように見える。

⑤崖から湧水が流れ出す　高台下に湧き出ている水。水量はかなりある。現在では塩ビの導水管が新しくなり、路面のグレーチングに直接水が落ちるようになっている。

上流部の流路を大雑把に表現すると、「林試の森公園の北辺に沿った流れ」という表現になるだろう。だが、現在の下目黒4丁目、5丁目、6丁目にまたがって昭和8年（1933）まで存在していた目黒競馬場を視野に入れると、やや変わった側面が見えてくる。羅漢寺川の中流部分は2本の流路が並走しているが、北側の流路の水源はどうやらかつての競馬場の敷地内にあったようなのである。実際に歩いてみると、はっきりとV字型の谷が残っていることがわかる。馬はこの谷をどのように走っていたのだろう？

一方、目黒区立第四中学校付近からの流れだが、現在の目黒郵便局の敷地内にあった小さな池が水源となっていたようだ。

また、ほぼ真西から続いている羅漢寺川緑道の上流側は崖下の細い道で、近くを通る品川用水はこの谷を迂回するため急峻なカーブを描いている。

緑道は用水のごく近くまで続いているが、果たして人為的な引水があったか、湧水などがあったかは定かでない。いずれにしてもわずかな流れがあったようで、崖下に細長い水田があったことが記録された古地図もある。探検の甲斐ある怪しい空間だ。

写真・文／世田谷の川探検隊

⑥乱雑な石積みの護岸　この擁壁は開渠だった時代の護岸そのままかもしれない。それにしても積み方のラフさが面白い。決して崩れかけているわけではなく、この姿で積まれ、固められているのだ。

⑦頑丈なコンクリ壁　大きな河川の護岸でしか見られないような、大変強固に造られた擁壁。常に水が湧き出しているための措置だろうか。もちろんこの崖下が羅漢寺川だ。

⑧水源の一つ「独鈷の滝」　瀧泉寺境内の独鈷の滝。この水も羅漢寺川に流れ込む。境内には他にも多くの池が配置され、湧水量の多さをうかがわせる。2003年に都が選定した「東京の名湧水57選」にも選ばれた。

⑨川のカーブがそのまま道に　一見なんの変哲もなさそうな下流域の路地。明治後期の古地図にはこのカーブがそのまま川だった様子が描かれている。

Special Report 5

かつて田畑を潤した住宅街の川跡

源流をたずねて烏山川をさかのぼる

三軒茶屋・茶沢通りの窪み

東急田園都市線三軒茶屋の駅前から下北沢までを結ぶ茶沢通り。近くのハンバーガーショップへ向かう途中、道が前方で緩やかに窪んでいるのに気がついた（写真①）。

近づいてみると、茶沢通りと垂直に一本の歩道が交わっている。足元には「たいしはし」と書かれた柱があり、歩道の地面は車道より1メートルほど下がっている（写真②）。ダメ押しに、歩道の入り口には車止めが設置されていた。間違いない、これは暗渠だ。水流などまったく見当たらないが、かつてここには川が流れていたのだ。

道沿いに置かれた案内板によると、この道は烏山（からすやま）川緑道というらしい。烏山川は、目黒区から品川区へ流れる目黒川の支流の一つで、1970年代に暗渠化されたとのこと。緑道の延長は約7キロ。

よし、一つたどってみよう。さっそく駅前に戻り、自転車を借

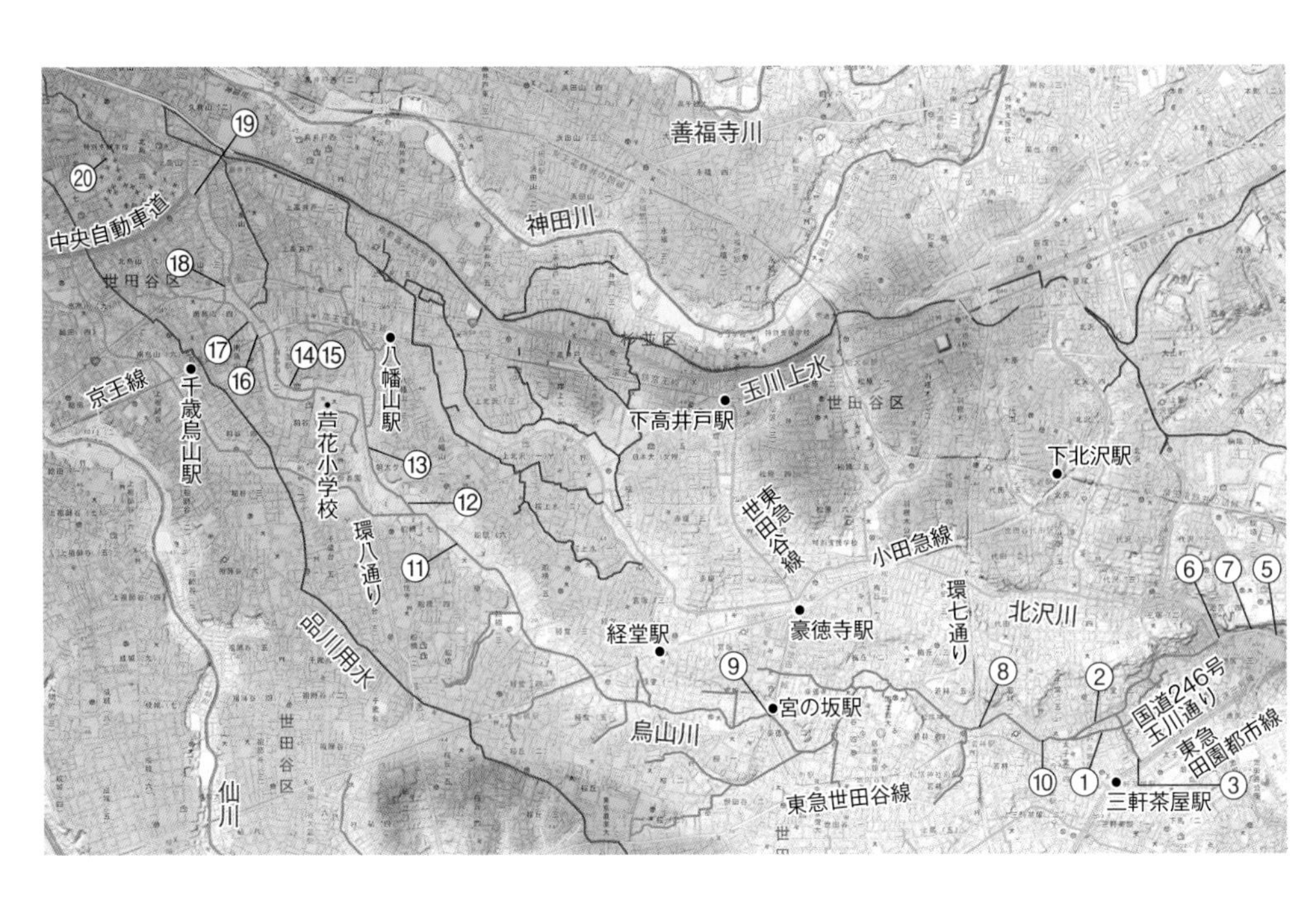

りた（写真③）。こいつでこの暗渠を下流から上流へさかのぼるのだ。

池尻大橋から合流地点へ

三軒茶屋からいったん下って池尻大橋へ（写真④）。春には沿岸の桜並木が人を集める目黒川は、大橋の下で国道246号をくぐり、そこより上流は暗渠となって地下を流れている（写真⑤）。地上は緑道として整備され、ツツジやアジサイなど、さまざまな植物が植えられていた。

しばらく上流へ進むと、烏山川と北沢川の合流地点にたどりついた（写真⑥）。今ではたんなる分かれ道にしか見えないが、昔はここで二つの川が合流していたのだ。

近くを歩いていた男性に話を聞いてみた。以前はこの下が深い堀になっていて、烏山川と北沢川がこの地点で合流していたという。かつての目黒川は大雨のたびに氾濫して困っていたが、緑道になって便利になったとも言っていた。

③

今となっては整備された道がそこにあるだけだが、こうやって地元の方の話を聞いていると、目の前の景色から地面が急に取り払われ、かつての川の流れが足元にはっきりとイメージされるように感じた。その方は大橋のほうに帰られるとのことで、その場でお礼をして別れた。

暗渠の上に人工の川

このあたりは道の脇にせせらぎが流れていて、いかにもさわやかだ（写真⑦）。

　このせせらぎは、実は遠く神田川の水再生センターから処理済みの水を送ってもらったものを利用している。

　かつての川の流路を地面の下に隠し、その上に人工のせせらぎを流すという構図はいかにも皮肉だ。しかし結局我々が欲しいのは「安全な自然」なのだと、その景色は言っているようでもあった。

せせらぎにはカモが泳いでいて、甲羅干しをしているカメもいた。網で何かを探している親子がいた。小魚を捕まえているのだという。バケツには今日とった小魚がたくさん入っていた。黒くて小さいのは小エビ、金色がかって見えるのはなんとメダカなのだそうだ。数年前からここで子供と魚を見ているそうで、冬でも水が温かいのでこうした魚が生きられるのではないかと言っていた。

　試しに水をさわってみると、ほどよく冷たかった。魚にとっては温かいのだろう。ここにはメダカがいて、親子が休日を楽しむ「自然」がある。なんて素敵なことだろうと思った。

環七と交差する烏山川

緑道はくねくねと進み、そのうちに環状七号線（環七）にぶつかった（写真⑧）。

気分のいい散歩道なのでうっかりすると暗渠であるという素性を忘れてしまいそうになるこの烏山川緑道だが、こういう場面ではさすがにそれを思い出す。見ればわかるように、道はこちらからまっすぐ、環七の向こう側につながっている。しかし、環七との交差点に信号はない。なので最寄りの信号まで行ってそれを渡り、もとの位置まで戻らないといけない。

たいへん不便だが、実は暗渠ではそれがふつうなのだ。考えてみれば明らかなように、その道は以前は川だったのだから、それを横切るのはふつうは橋だけだ。橋のほうは車道として整備されるとしても、川があとから道になったからといって、そこに信号を新設するとは限らない。暗渠が線路を横切る場合も同様だ。緑道は線路でぷつりと切断され、踏切はない（写真⑨。線路に迫る位置にある小屋が緑道の突き当たりだ）。

かつては橋だったところも、今ではたんなる道になっている。道ばたには橋の跡が残されているが、今となっては唐突に感じてしまう（写真⑩）。

なお、橋の跡の近くには車止めが設置されているケースも多く、

⑧

⑨

⑩

⑪

⑫

そこが暗渠であることを特徴づけている。車が上を通るには強度が足りないことから、ふつうは歩行者または自転車専用の道路となっているのである。

環八で地上に出た川と遭遇

緑道は経堂（きょうどう）で小田急線の下をくぐって進んでいくが、そこから先がちょっと迷いやすくなっている。

第一のポイントは、希望ヶ丘団地（写真⑪）。いかにも裏道という風情で細々と続いてきた緑道が、ここで突然団地の真ん中のだだっ広い通りに出る。道がわかりにくくて迷うのではなく、広すぎて不安になるのだ。

二つめのポイントは、団地を過ぎたあと。道なりに前方を見ても、それらしき道はない。不安になってあたりを見回すと、左に曲がって信号を渡った向こう側に「梶山橋」という柱が立っていてホッとする。橋を見つけて安心するというのは、なかなかほかにない経験でおもしろい。

その先は親水公園（写真⑫）になっており、「水際の散歩道」という案内図があった。緑道にはほかにも同様の案内板がところどころに立っていて、事前にろくに予習もなく訪れた筆者にはたいへん頼りになった。

そして八幡山で、烏山川はついに開渠となって環状八号線（環八）のそばを並行する（写真⑬）。

これを見つけたときは思わず声を上げてしまった。三軒茶屋からずっと、その姿を想像するだけだった烏山川が、ついにそこに現れたのだから。しかし見てみると水は流れておらず、草は生え放題でゴミが散乱していた。途中で出会った男性の話では、かつて烏山川に死んだネコを流しに行ったりもしたと言っていた。ものを捨てられてしまうという点では今も同じなのだが、しかし川はやはり流れていてほしい。

　その後、緑道は環八を越え、芦花（ろか）小学校や中学校の北側を通り、世田谷文学館の脇でぷっつりと終わった（写真⑭）。

　といっても、川自体がそこで終わるわけではない。その先は団地になっており、のぞいてみるといかにも暗渠が続いているような道が見えた（写真⑮）。

緑道のさらにその先へ

　烏山川緑道は終わったが、この先がどこまで続いているか、つまりこの川がいったいどこから来ているのかを見極めたくなるのは自然というものだろう。

　芦花小の脇に設置されていた案内板によると、かつての流路は団地を過ぎて北へ進んでいるようだった。それに従い進んでいくと、確かに細くくねくねした道が続いている。緑道と違い、自分が暗渠を進んでいるという確信が得られないため不安になるが、それもまたかつての水路跡を発見しつつ進んでいるようで楽しい。

　しばらく行くと、道は京王線に遮られて、いきなり終わった。遊んでいた親子に道をたずね、線路の向こう側に回り込むと、そこにはすばらしい光景が広

⑮

⑯

⑰

がっていた。

　コンクリート塀に囲まれ、幅3メートルほどの土地が向こうまで続いている（写真⑯）。明らかに水路跡だ。不安だった気持ちが突如晴れやかになり、心拍数が高まる。しかし水路跡を直接進むわけにはいかない。なるべく並行した道を探して、つかず離れず進んでいく。

　水路を右に見ながら進むと、しばらくして道路にぶつかった。回り込むと、水路の延長線上には、唐突に置かれたフェンスと、「大橋場の跡」と書かれた碑。近くには地蔵も立っていた（写真⑰）。烏山川に架かっていた橋の跡のようだ。地蔵越しに見る水路は、筆者がこれまでに見た暗渠の中でも、ひときわ大切に守られているように感じた。

　それ以降の道には水路の痕跡がほとんど残っておらず、少しの距離を進む間に何度も迷ってしまった。甲州街道の周辺を右に左にと歩いた末、ついに道沿いの足元に橋の欄干とおぼしきものを見つけたときには声を上げるほどうれしかった（写真⑱）。

　欄干の向こう側は団地になっていた。近くにいた男性に聞いてみると、かつてこのあたりには谷戸に開かれた田んぼが広がっており、この水路はそのための用水路だったという。その先も少しだけ案内してもらったが、水路跡は現在の北烏山住宅内を南から北に縦断し、通り抜けていた。

　その先の道は細く途切れがちになり、中央自動車道の手前の開渠を最後に残念ながら手がかりを失ってしまった（写真⑲）。

水源の一つ、高源院の弁天池へ

後日調べてみると、筆者が川筋を見失った地点の近くに高源院という寺院があり、烏山川はそこを源流の一つとするという説が有力であることがわかった。そこであらためて高源院を訪れると、そこには豊かな池が広がっていた（写真⑳）。弁天池とも鴨池ともよばれているそうだ。先客の親子がカモを見つけて喜んでいた。

池のまわりを探索すると、確かに小さな水路が続いていた。川はいくつもの水源が集まって、次第に大きくなるものなので、ここが第一の水源といいきることはなかなか難しい。しかし烏山川の暗渠歩きに一応の決着をつけることができたとはいえそうだ。

なお、烏山川は、すぐ北を流れる玉川上水からも水を引いていたという。万治2年（1659）に流路が造られ、一帯の田畑に水を供給していた。そのため、川は「烏山用水」ともいわれていたそうだ。

⑱

⑲

⑳

暗渠歩きとは、街の中に川の流れを見つける試みであると思う。いわれなければたんなる路地にしか見えない道が、かつては川だったと知ったとたん特別な道に見えてくる。それが、筆者が暗渠を面白いと思う最大の理由だ。

写真・文／三土たつお

IV

呑川支流の暗渠

都内最南部を流れる自然河川

暗渠と開渠が交互に現れ、短いながらも多彩な表情を見せる

呑川(のみかわ)は世田谷区の東南域に端を発し、目黒区南部の水を集め、大田区を北西から南東へ貫くように流れている。全長は約14・4キロ。呑川という名前の起源には、洪水のたびに流域の田畑を呑み込んだためとか、人々の貴重な飲み水であったためとか、諸説あるがはっきりとしない。

まず、下流の呑川について説明しよう。最下流は、昭和に入ってから直線状に改修された新水路（新呑川）を流れている。もとの流路は埋められて旧呑川緑道として整備された。

新呑川は羽田で海老取川(えびとりがわ)に合流する。海老取川はわずか2キロほどしかないが、多摩川から分岐した一級河川である。新呑川は何もないところにいきなり造られたわけではなく、海側から造られた堀割に内陸から接続する形で開削された。もともと堀割の一番奥にあたるのが末広橋付近だ。この一帯の海沿いには南前堀・北前堀・

産業道路の川下橋　関東大震災の復興事業は昭和５年（1930）に完了したが、その後も都内各所に多くの橋が建造された。昭和８年完成の川下橋は、実用に徹したシンプルな構造だ。

堀割の一番奥だったあたり　河口から約１キロの地点に末広橋がある。河口方向を向いて撮影。

貴船堀などの堀割が並行して東西に横たわり、それらは現在いずれも埋められて公園緑地となっている。

堀割の終端を南北に結ぶように通っていたのが羽田道とよばれる旧道で、羽田道は東海道から分岐して、羽田の玉川弁財天や多摩川を渡って川崎大師まで続く参詣道であると同時に、各堀割とつながった物流ルートでもあったと考えられる。その名残（なごり）か、羽田道界隈には今でも海苔（のり）問屋など海産物商が多い。

いっぽう、東蒲田の東蒲（とうほ）中学校付近で、新呑川から北に分岐しているのが旧呑川の流路跡だ。昭和後期に整備されたらしく、狛江市の旧野川、世田谷区の烏山（からすやま）川などと似た雰囲気の緑道が続いており、いくつか橋跡も残されている。安穏とした遊歩道だが、周辺は町工場が建ち並ぶ活発な工業地帯だ。

おもしろいのは、産業道路が旧呑川を渡る川下橋だ。川が埋められてしまったあとも橋は現役で、関東大震災復興期の昭和８年（１９３３）に完成した堅牢な橋を下から間近に見ることができる。かつての河口は呑川水門によって閉じられ、その内側は船溜まりになっている。

中流域から池上付近の呑川の様子を見てみよう。開渠部の呑川には、城南三河川清流復活事業として、渋谷川や目黒川などとともに、新宿区の落合水再生センターで処理した再生水が放流されている。

日蓮宗の古刹（こさつ）、池上本門寺の門前を流れていく呑川は、コンクリート三面張りになってしまっているが、かつて六郷（ろくごう）用水（北堀）がこの近くを流れており、二つの水路の関連を勉強してみる価値は十分ある。紙幅の都合で十分な説明ができないが、現地のいたるところに説明板が立てられており、それを読むだけでも徳川時代の水利工事の巧みさがわかるだろう。用水を自然河川にいったん合流させたあと下流で分岐させる、そうして水量を稼ぐという工法もその一つだが、残念なことに現在の呑川は河床が掘り下げられており、その姿から用水の合流と分岐をイメージするのはなかなか難しい。土地の高低差を観察するのが川跡フィールドワークのおもしろさの一つだが、このような水位の高低差（とその変遷）を考えはじめると、そこには奥深い世界が広がっている。

呑川の①上流域には駒沢支流や柿の木坂支流、②九品仏（くほんぶつ）川、③洗足（せんぞく）流れなど大小さまざまな流れがあり、そのほとんどが暗渠化されている。それらについては次項以降で紹介することにしよう。

写真・文／世田谷の川探検隊

世田谷区
馬事公苑
品川用水
東名高速道路
駒沢オリンピック公園
呑川親水公園
駒沢通り
駒沢支流
柿の木坂支流
目黒通り
目黒区
① 呑川（上流域）
環八通り
谷沢川
環七通り
② 九品仏川
立会川
東急田園都市線
③ 洗足流れ
第三京浜道路
中原区
南武線
府中街道
武蔵小杉駅
東急多摩川線
東急池上線
池上本
六郷用水（北堀）
多摩川
港北区
東急東横線
東海道新幹線
鶴見川
横須賀線
幸区

1 呑川（上流域）

①呑川の始まりの一つ　遊歩道となっている呑川の上流端。（世田谷区桜新町）ここからさらに上流にも細い暗渠が続いているが……。

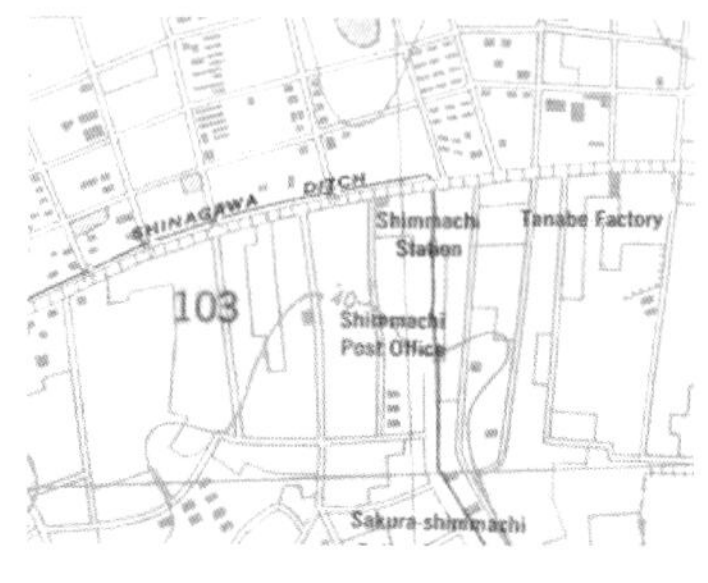

A 進駐軍が製作した地図　西から東流してきた品川用水が、南北に流れる呑川につながっている。

呑川（のみかわ）の最上流部の水源地は世田谷区桜新町の一帯（東急田園都市線桜新町駅の南側）にある。遊歩道になっていてはっきりわかる上流端（写真①）があり、ここへ合流してくる小さな暗渠がいくつかある。

興味深いことに、この地点のやや北を流れていた品川用水がここに流れ込んでいるように描かれた地図がある。図版Aがそれだ。戦後、日本に進駐してきた連合国軍が作成したもので、用水からの漏水などという規模ではなく、西から流れてきた品川用水が直角に折れ曲がって呑川上流端に接続している。品川用水は昭和初期に廃止され、昭和27年（1952）までに水路が埋められている。もしかしたらこの地図は、たまたまその過渡期の様子が記録されたものなのかもしれない。

この地図とは異なる位置に、やはり品川用水のすぐ近くから始まっている暗渠が現在も残っており、一時的に

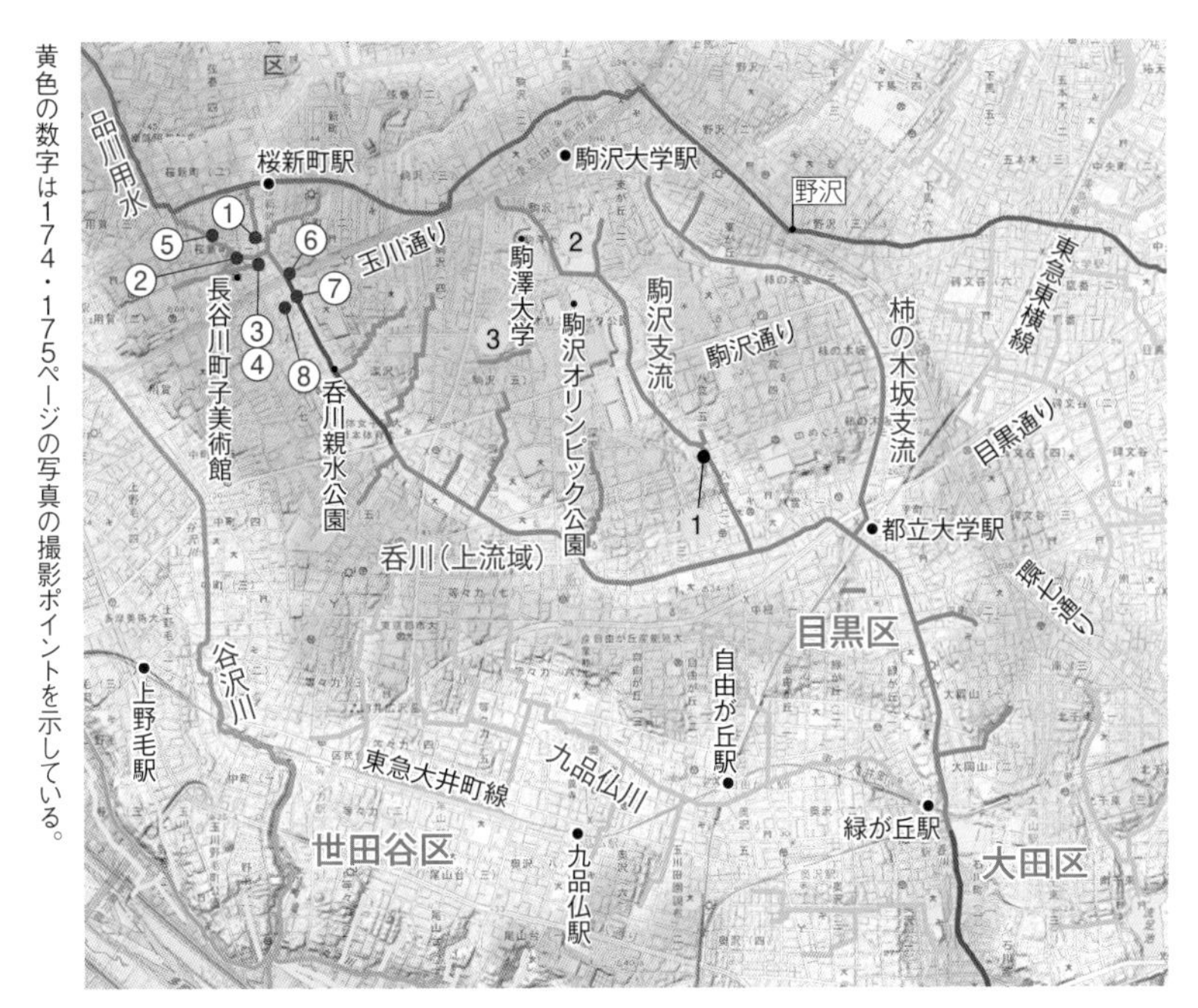

黄色の数字は174・175ページの写真の撮影ポイントを示している。

③断片的に現れる暗渠　写真②の続きだが、すでに分断されていて流れはつながっていないようだ。

②通り抜けできない川跡住宅の間に残る暗渠。続きをたどることはできなかった。

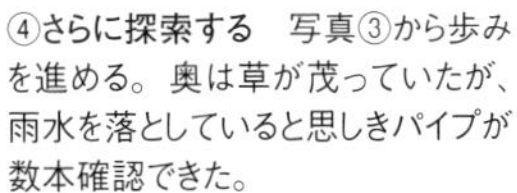

④さらに探索する　写真③から歩みを進める。奥は草が茂っていたが、雨水を落としていると思しきパイプが数本確認できた。

⑤**細い川筋の跡**　住宅地の中を蛇行する、別の呑川源流の１本。

⑥**国道沿いの橋跡**　玉川通り（国道246号）が呑川を渡る。ここには新桜橋の欄干が残っている。

せよ、呑川と品川用水には浅からぬ関係があったことがうかがえる。ただし、品川用水が呑川の水源だったとするのは早計だろう。

桜新町界隈には、現在の道路とはまったく違う流れ方をしている川跡がある（写真②～④）。民地の裏手を通っていたりしてたどることもままならないが、どうやら長谷川町子美術館付近に上流端があるようだ。この流れの下流はさらに複雑で、あちこちで断片的にその姿を現している。のぞいてみると奥に続いているようだ。しかし、草が生い茂っていてとても入っていけない。

この界隈は、大正初期に信託会社による分譲住宅が売り出され、「信託住宅発祥の地」といわれている。本格的に人口が増えるのは関東大震災以降のことで、それまではのどかな郊外の別荘地のようであったという。その初期に植樹されたサクラが地名の由来であると同時に、今も街のシンボルとなっている。多くの場合、宅地が造成される際には川の流路も変えられるものだが、このあたりの小流はおそらくそうしたこともなく残っており、見え隠れしながら続いている。

複数の流れが集まってやや大きくなった呑川本流が南下して玉川通り（国道２４６号）を越えるところには、橋の欄干がまるごとそのまま残っている（写真⑥）。

上流側は暗渠だが、玉川通りを越えたところから駒沢通りまでの約

1キロは開渠で、呑川親水公園として整備されている。サクラ並木があり、水面にはカモが泳いでいたりして、地域住民の憩いの場となっている（写真⑦）。

このあたりから流れが東向きとなる駒沢通りあたりまでには、東岸の深沢地区から幾筋かの支流が流れ込んでいた。現在もその名残を残しているのが深沢8丁目の修道院の庭の湧水の池だ（写真⑧）。緩やかな斜面になった雑木林の中に清冽な水をたたえた池が守られている。残念ながら、ふだんは生け垣の隙間からしか見ることができない。

呑川はこのあと東へと向きを変えてから、さらに東急東横線都立大学駅付近で南下、東急大井町線の緑が丘駅まで暗渠区間が続く。この部分は呑川緑道となっていて見事なサクラ並木が続く。

呑川は本流をたどるだけでも多彩な佇まいを楽しむことができるうえに、小さな支流もたくさんある。ここですべてを挙げることはできないが、丹念にたどるとさまざまな表情をもつ川筋を見つけることができるだろう。

写真・文／世田谷の川探検隊

⑦**香川の開渠部分**　美しく整備された呑川親水公園。サクラの季節には多くの人で賑わう。呑川の川らしい姿を楽しめるのはこの界隈だけだ。

⑧**呑川水源の池が残る**　修道院の湧水の池。年に数回一般公開される。東西に50メートルほど細く続く大きな池だ。

2 九品仏川

①目黒線と交差　緑が丘駅付近で東急目黒線の下をくぐる。このすぐ下流で呑川に合流する。

世田谷区緑が丘1丁目先で呑川（のみかわ）に合流していた九品仏（くほんぶつ）川は、全長約2・2キロの小ぶりな川で、流路の大部分は目黒区と世田谷区の境界線となっている。そのほぼ全域が遊歩道として整備されている。

東急大井町線の緑が丘駅付近から川を遡上（そじょう）する形で遊歩道をたどっていくと、隣の自由が丘駅に着くまでに二回、さらに自由が丘駅を越えた先でもう一回線路と交差する。大井町線と九品仏川はつかず離れずの距離で並走しているのだ。

自由が丘の街を抜けると少しずつ雰囲気が変わり、世田谷区奥沢7丁目と目黒区自由が丘3丁目の境界あたりでは広く平坦な土地を直線状に進んでいく。

やがて浄真寺（じょうしんじ）の北側付近で緑道は終わる。九体の阿弥陀如来（あみだにょらい）像がこの寺に安置されていることが「九品仏」の名の由来となっている。

一つの見どころが緑道の終点近くにある「ねこじゃらし公園」

②川筋は九品仏川緑道に 落ち着いた木立に囲まれた緑道は、昭和50年代に整備されたもの。

③人々が憩う 自由が丘の街を抜けていく川跡。近年リニューアルが行われ、しゃれた木陰の小径となっている。

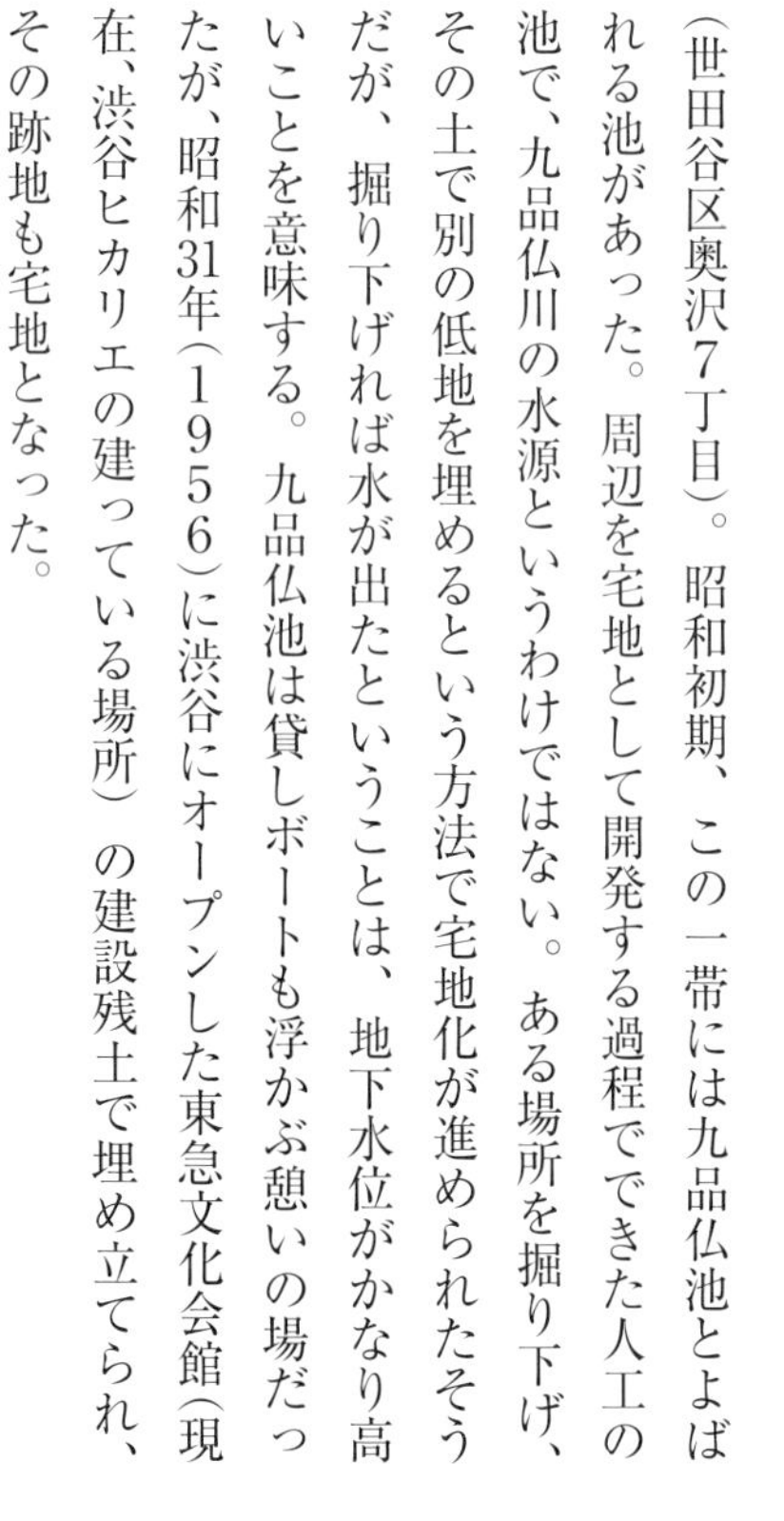

（世田谷区奥沢7丁目）。昭和初期、この一帯には九品仏池とよばれる池があった。周辺を宅地として開発する過程でできた人工の池で、九品仏川の水源というわけではない。ある場所を掘り下げ、その土で別の低地を埋めるという方法で宅地化が進められたそうだが、掘り下げれば水が出たということは、地下水位がかなり高いことを意味する。九品仏池は貸しボートも浮かぶ憩いの場だったが、昭和31年（1956）に渋谷にオープンした東急文化会館（現在、渋谷ヒカリエの建っている場所）の建設残土で埋め立てられ、その跡地も宅地となった。

④まっすぐに延びる暗渠　四角く区画整理された住宅地を斜めに貫流していく川跡。直線状になってはいるが、もともと水田の中をほぼ直線で流れていた。

⑤木道風の遊歩道　川跡がこの造りになっているのは珍しい。

⑥九品仏池があった公園　奥沢のねこじゃらし公園。区立の公園だが、よくある遊具類はなく、近隣の住民参加で企画が作られ、運営されているユニークな空間だ。

⑦駅の中の暗渠　東急大井町線尾山台駅構内を貫通していた暗渠。すでに撤去されてしまったが、幅も深さもかなりのものだった。

⑧**線路脇の暗渠**　大井町線沿いに残る、満願寺（等々力３丁目）方面からの流れの痕跡。これも九品仏川の支流の一つといえる。

⑨**深い谷を造った逆川**　暗渠で残る等々力の逆川。典型的な河川争奪の痕跡だが、現在は流路に入ることはできない。

かつての九品仏川は、さらに西から流れてきていたと考えられている。およそ1キロほど西を南北に流れている谷沢川（やざわ）がもともとは九品仏川へ流れ込んでいたが、南から侵食してきた谷頭（こくとう）によって河川争奪が起こり、流路が変わってしまったのだ。谷沢川は侵食してきた小さな谷へ流れ込むようになったいっぽう、上流を奪われてた九品仏川の水量は大きく減少してしまった。

尾山台（おやまだい）小学校の南辺付近から浄真寺へ続く緩やかな帯状の低地がかつての九品仏川の川筋だったと考えられる。周辺の湧水や雨水がこの低地に流れ込むため川は完全に消滅することなく、現在も大井町線の線路脇にはやや大きめの水路が残っている。なんと数年前まで大井町線尾山台駅の構内には暗渠が流れていた。これも開発の過程で手が加えられているためすでに自然の姿ではないわけだが、等々力（とどろき）、尾山台一帯の地形には、かつて流れていた川の痕跡がうっすらと残されている。

現在の谷沢川の東に、「逆川（さかさ）」とよばれる川が現在も暗渠となって残っている。これが谷沢川に分断された九品仏川の名残だ。

写真・文／世田谷の川探検隊

3 駒沢支流・洗足流れ

①呑川駒沢支流緑道　タイルと植栽で飾られた駒沢支流の暗渠道。近隣の人々の格好の散策路になっている。

②駒澤大学構内に残る川跡　地図で見当をつけただけだが、大学構内を見せていただくと、川筋がわかった。おそらく下水に転用されているのだろうが、大きなマンホールが並んでいた。

呑川（のみかわ）の上流部の主な支流に、先に紹介した九品仏川（くほんぶつがわ）のほか、駒沢支流や柿の木坂支流などがある。駒沢支流は、駒澤大学のあたりが上流端で、駒沢オリンピック公園を貫き、目黒区八雲で呑川に合流する流れだ。また柿の木坂支流は、東急東横線の都立大学駅付近で呑川に合流している。いずれの支流も暗渠となっており、かつての川筋には緑道が整備されている。

三面をコンクリートで固めた開渠である大田区内の中流域の支流には、西岸から流れ込む世田谷区奥沢からの流れや、東岸から流入するいわゆる「洗足（せんぞく）流れ」などがある。洗足流れは洗足池の南から流れ出ており、かつては洗足用水ともよばれた農業用水であった。池の下流の開渠部分は散策路になっている。

ここでは、駒沢支流の川跡と洗足流れを紹介しよう。まず駒沢支流について。駒沢公園の南端から呑川ま

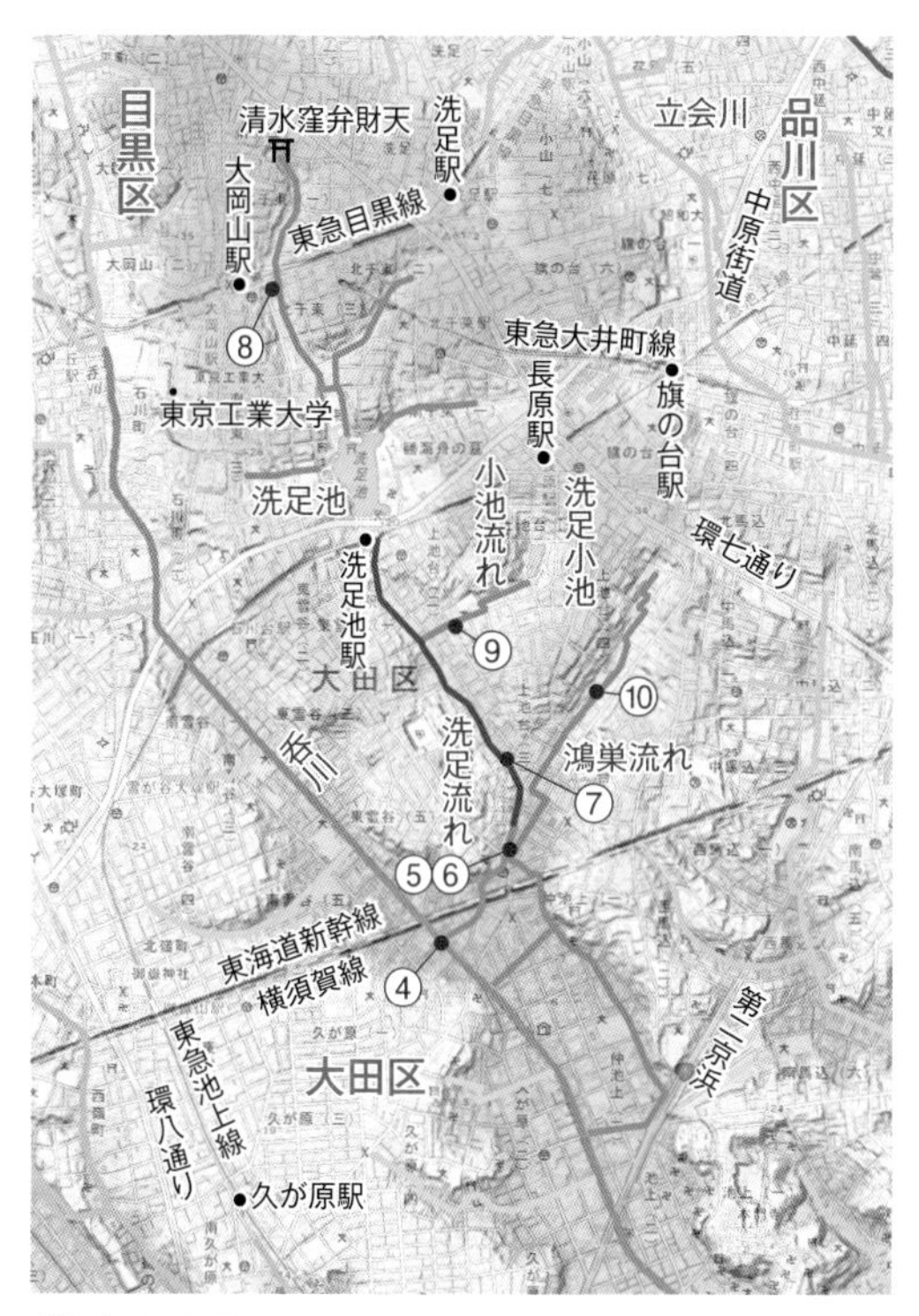

駒沢支流の撮影ポイントは、167ページの地図に黄色の数字で示している。

③住宅地内の痕跡　周囲よりわずかに下がった地形。細い路地に街灯。川跡の定番がこんなところにも残されていた。

④本村橋の合流口　この写真の撮影後、大がかりな護岸の改修工事が行われた。外観はかなり変わってしまったが、洗足流れの合流口そのものは今も健在だ。

⑥洗足流れの下流区間はすべて暗渠　かつてはところどころに残った欄干が流路をたどる目印になっていた。

⑤消えゆく水路の痕跡　ここにも欄干が残されていた。しかしこれも撤去されてしまった。

⑦身近にあった水辺の風景　カルガモの親子が住み着いていたころの洗足流れ。流路は近隣の人々によって清掃され、いつもきれいな状態が保たれていた。

で「呑川駒沢支流緑道」と名づけられた遊歩道が続いている。上流をたどると駒沢陸上競技場に行き当たる。地図を見ると競技場の真ん中に世田谷区と目黒区の境界線が通っている。妙にうねうねとしているが、ちょっと調べればこれが川の痕跡だということがわかる。オリンピック公園は昭和39年（1964）の東京オリンピックの際に造られた競技場の跡地だが、そこはかつて緩やかな窪地だったのだ。

オリンピック公園の北側、駒澤大学の中に上流部分が残っているのが見つかる。また、丹念に探すと公園周辺の住宅地内にも川の痕跡らしきものが残っている。

続いて洗足流れの様子を説明しよう。洗足流れの終点、本村橋のたもとでは、呑川に合流しているやや大きなボッ

⑧千束児童遊園　暗渠上が公園になっているのは珍しいことではないが、水にゆかりのある公園動物だけがこんなに集まって楽しげに過ごしているのは珍しい。

⑨小池流れの川跡　地形的にはとてもおもしろい場所だが、小池流れで実際に流路を歩くことができる区間はあまり長くない。

⑩鴻巣流れの暗渠　道端にジュズダマが生えている。水辺でよく見かけるイネ科の植物だ。昔はあちこちでこれを見かけたものだが。

クスカルバートが見られる。そこから上流をたどると、一部暗渠となった水路が続いており、洗足池までさかのぼることができる。

洗足池には北側から流入する水路があり、たどると水源の一つである清水窪弁財天までさかのぼれる。また池の東側には川跡があり、その上流のあたりはかつて葦の茂る湿地だったという。

そもそも洗足池はこの一帯のいくつかの湧水を堰き止めて灌漑用に造られた池で、水位は意外と浅い。周辺の整備をした際には池の水をすべて抜いて工事を行ったそうだ。

一方、上池台には洗足小池（小池）とよばれる池がある。三方が小高い丘に囲まれており、低い側には「小池流れ」とよばれる水路があったが、こちらはすべて暗渠になっている。

洗足流れに途中から合流していたのが、別の谷筋を流れてきた「鴻巣流れ」とよばれる水路だ。すっかり埋められてしまっているものの、周囲の土地より確実に低く、流路上には別世界の空気が漂っている。

写真・文／世田谷の川探検隊

V

石神井川支流の暗渠

都内北部を東西に貫き、隅田川沿いを潤した川

中流域で支流の水を集め、下流域で多くの用水とつながっていた

石神井（しゃくじい）川は小平市内を源流とし、西東京市、練馬区、板橋区、北区にまたがって全長25キロにわたって流れる、都内北部の代表的な中小河川だ。小平市花小金井南町1の小金井公園北縁に上流端の標識が立ち、公式な「上流端」となっているが、実際には隣接する小金井カントリー倶楽部内まで水路がさかのぼれる。かつての源流はさらに西の小金井市鈴木町だった。

本来は、源流から富士見池までは悪水堀、富士見池からは石神井用水と呼ばれ、三宝寺（さんぼうじ）池からの流れを石神井川と呼んでいたようだ。江戸時代には玉川上水より引かれた「鈴木田用水」が源流部に接続され、また「鈴木用水」「田無用水」などの流末の余水（よすい）も注いでいた。豊富な湧水を誇った三宝寺池（現在は枯渇）から下流は流量を増し、豊島台と成増台を分かちながら東へ流れる。北区に入るとかつては音無（おとなし）川、滝野川ともよばれ、台地を深く刻む

渓谷となっていた。川はＪＲ京浜東北線王子駅の東側で低地に出たのち隅田川へと注いでいた。

石神井川本流は規模が大きく水源もあったため、源流部の一部区間に蓋がけ暗渠があるくらいで、暗渠化の対象とはならなかった。ただ、流路は洪水対策で深く掘り下げられ直線的に改修された、味気のないコンクリート水路となっている。中流部に残るいわゆる「あげ堀」（本流に並行した灌漑用の分水路）の跡や、渓谷だった区間に緑地として残る河川改修時に取り残された蛇行跡をたどるほうが散策としては面白いかもしれない。

嘉悦大学と小金井カントリー倶楽部の境界に残る石神井川最上流部。普段は空堀だが、大雨や湧水の多い時には水が流れる。

いっぽう、数多くあった支流や分流は現在すべて暗渠化されている。ここでは消えてしまった支流、分流のうち主なものについて概要を紹介していこう。

石神井川の支流は練馬区内に集中している。まずは①貫井（ぬくい）川、そして石神井川の支流でも最大の規模をもつ②田柄（たがら）川・田柄用水。そして練馬区東部の右岸（南）側には、石神井川に注ぐいくつもの支流があった。これらはそれぞれ豊島台に谷を刻む小さな自然河川だったが、中には③羽沢（はざわ）を流れる支流のように千川上水からの分水（下練馬分水）を受けている川もあった。そしてこれら支流の中でもっとも規模が大きいのは、練馬区・豊島区・板橋区区界を流れていた④エンガ堀だ。

中下流部では、石神井川の水は分水され灌漑（かんがい）に利用された。板橋区双葉町付近からは⑤石神井中用水（根村（ねむら）用水）が分水されていた。こちらは台地を掘割で越え、赤羽台に深く刻まれた谷筋を流れる稲付（いなつけ）川（北耕地川）の源流部に接続されていた。稲付川は隅田川沿いの低地

に出ると⑥小柳川など幾筋にも分かれ、ほかの赤羽台からの川の水も合わせながら北区北部の低地を灌漑していた。

石神井川本流が低地に出る手前、音無橋付近にはかつて王子大堰が設けられ、石神井下用水が両岸へ分水されていた。左岸（北側）への分水は⑦上郷用水とよばれ、⑧豊島分水などいくつかに分流し、北区中部の隅田川沿い低地の灌漑に利用され、本流は⑨甚兵衛堀を経て隅田川に注いでいた。

右岸（南側）への分流⑩下郷用水は音無川、二十三ヶ村用水ともよばれ、網の目のように分流しながら北区東部から荒川区にかけての低地の水田を潤した。おもな支流に⑪八幡堀、⑫地蔵堀、⑬江川堀、⑭浄閑寺堀などがある。本流下流部は⑮思川や⑯山谷堀、途中で分かれる⑰新堀川〜千束堀川を経て隅田川に注いでいた。音無川は戦前には暗渠化されたが、いっぽうで支流のいくつかは戦後も残っていた。

王子大堰のすぐ近くでは⑱逆川が石神井川に注いでいた。その源流のすぐそばには、⑲谷田川（藍染川）の源流がある。逆川は北に、谷田川は南東へと逆向きに流れているが、地形を見ると二つの川が流れる谷はつながっていて、さらにその北部は石神井川の谷とも連続しており、かつてひとつづ

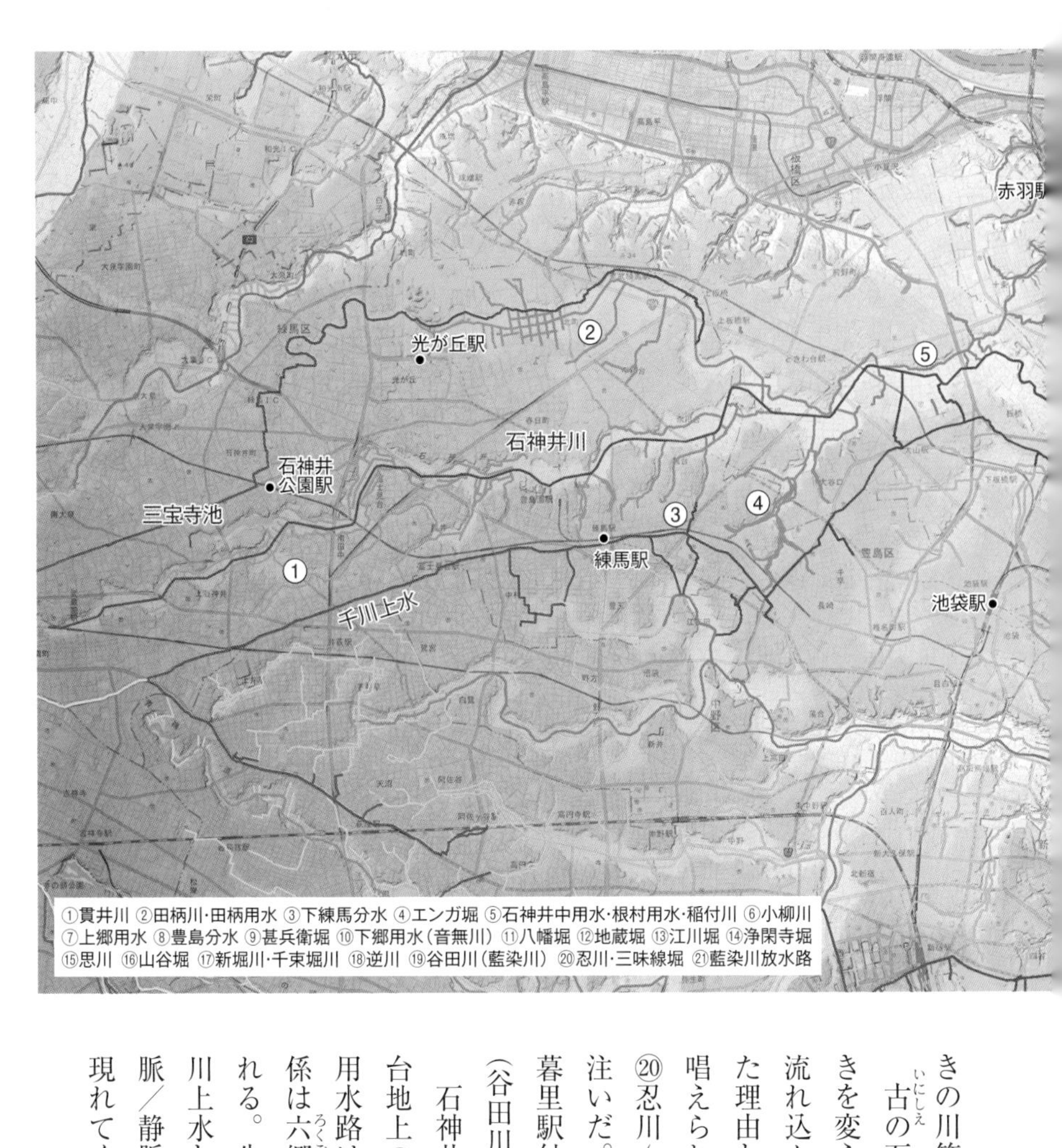

きの川筋であったことが一目瞭然だ。

古の石神井川は王子駅付近で南東へと向きを変え、谷田川の流路を経由し東京湾に流れ込んでいた。現在のような流路となった理由としては河川争奪説と人口開削説が唱えられている。江戸時代以降の谷田川は、⑳忍川〜三味線堀〜鳥越川を経て隅田川へ注いだ。また、大正期には現在のＪＲ西日暮里駅付近をショートカットする㉑藍染川（谷田川）放水路が開削された。

石神井川の支流、分流の関係を見たとき、台地上の支流が木の根、低地に出たあとの用水路は枝葉にたとえられよう。同様の関係は六郷用水・呑川・内川の水系にも見られる。失われた水路をたどっていくと、玉川上水と周囲の中小河川の間に見られる動脈／静脈の関係とはまた異なる構造が立ち現れてくる。

写真・文／本田 創

1

貫井川

①遊歩道のはじまり　川跡は空き地や歩道として源流部からたどれるが、暗渠らしい道が始まるのは石神井小学校の南側から。車止めつきの細い路地は折れ曲がってすぐに遊歩道となる。一帯のかつての字名は「上久保」。貫井川の谷に由来する地名だったのだろう。

②水路敷のペイント
貫井川の暗渠では練馬区の暗渠に特有の、交差点路面への「水路敷」ペイントが各所で見られる。鮮やかなものから消えかかったものまで、字体も様々だ。

貫井川(ぬくい)は、西武新宿線上井草駅の北方、練馬区下石神井(しもしゃくじい)5丁目近辺にその流れを発し、石神井川と千川上水の間を北東に流れて練馬区向山(こうやま)4丁目で石神井川に注いでいた全長4キロほどの川で、1970年代半ばから80年代末頃にかけて暗渠化されている。

地名でもある「貫井」の名は下流部にあった大きな湧水池「貫井の池」に由来する。かつて一帯が水不足で苦しんでいたとき、弘法大師(こうぼうだいし)が訪れ、もっていた杖で地面を突くと、そこから泉が湧き出した、という日本各地によくありそうな由来譚が残っている。地面を貫いて湧き出した井で貫井というわけだ。ただ「ぬくい（貫井、温井）」は、地面から水が湧き出ている地点を指す、日本各地にみられる地名だ。都内でいえば、小金井市貫井

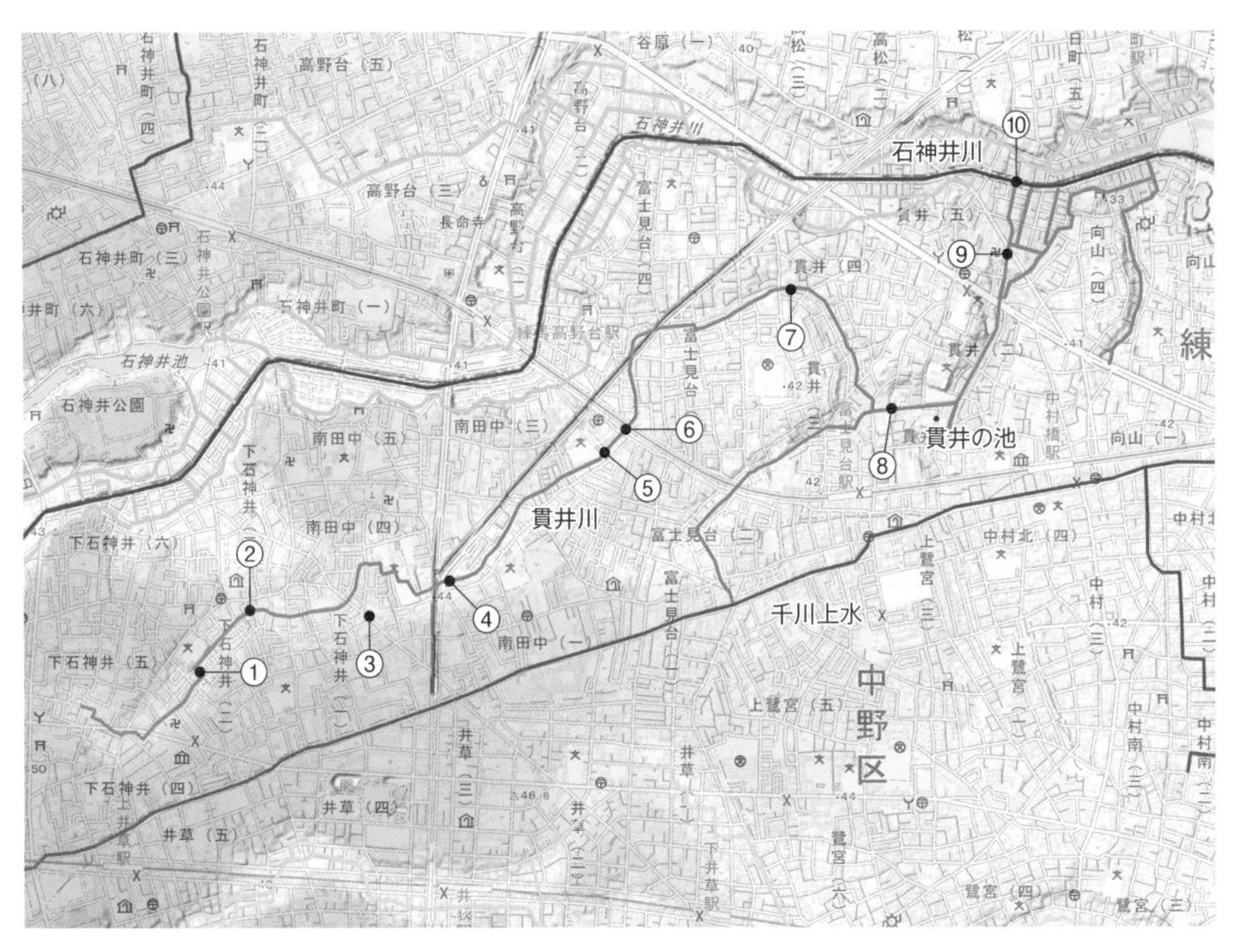

の貫井神社の湧水が有名で、現在でも野川の水源の一つとなっている。

貫井の池があった一帯は「蕪ヶ谷戸（かぶらやと）」とよばれ、出口よりも奥のほうがやや広い袋状＝蕪のような形をした谷戸となっている。谷戸を臨む斜面からは、旧石器・縄文・弥生・奈良・平安・近世の各時代にわたる遺構や遺物が出土しているという。水の利がよく、古くから人が暮らしていたのだろ

③バス停に残る湿地の痕跡　南ヶ丘中学校付近には90年代まで「喜楽沼」があり、現在もバス停の名として残っている。古地図などを紐解いていくと、もともと沼があったわけではなく、地下水位の浅い湿地に1960年代半ばに釣り堀用につくられた人工の沼だったようだ。

④**往時の川を偲ばせる道**　環八通りと笹目通りの分岐点付近。暗渠は2008年に開通した環八通りに完全に分断されているが、地上に残る川跡の道は古そうな苔むした大谷石の擁壁と草の生えた土手に挟まれ、川が流れていた頃の様子を髣髴させる。

⑤**橋の痕跡**　石神井東小学校の校門前。暗渠沿いの道路が暗渠の右側から左側に筋を違える地点に、橋の痕跡が残っていた。路面の細長いコンクリートが、ここに確かに川が流れていたことを主張している。

⑥**物置になった蓋暗渠**　西武池袋線の高架の南側には、貫井川流域で唯一のコンクリート蓋暗渠が残っていて、車道との境目には欄干の痕跡と思しき構造物も見られる。ただ、脇の酒屋の荷物置き場と化していて暗渠上に立ち入ることはできない。

う。池から貫井川に流れ出した水は幾筋かに分かれ、谷戸や石神井川沿いの低地に広がる水田を潤していた。

一方、貫井の池より上流は荒野や畑地の浅い窪地を流れる悪水路（雨水や湧水の排水路）として扱われていて、かつては「しまっぽり」「貫東川」などと呼ばれていたという。かつては地下水位がかなり浅かったといい、明確な源流があったというより、あちこちで滲（にじ）み出した水を集めて流れていたと思われる。源流地点から北に1キロ行くと石神井川の源流である石神井池・三宝寺（さんぽうじ）池、いっぽう南に1キロほど行くと、妙正寺（みょうしょうじ）川上流部である井草川の源流地帯（現在は暗渠となり湧水も枯渇）となっている。

貫井の池は湧水の減少にともなって大正末期にはなくなってしまい、水田や荒れ地、資材置き場といった変遷をたどり、1960年代末からの数年間はプールなどのレジャー施設も造られていた。現在はマンションが建ち並び、池を偲ぶ痕跡

⑦路側帯のような暗渠部分　川跡は車道にとりこまれているが、川跡の幅だけはブロックが敷かれて区別されている。

⑨「蕪ケ谷戸」の底　「南池山貫井寺円光院」の脇。貫井川の暗渠でもっとも綺麗に整備されているこのあたりが「蕪ケ谷戸」のボトルネック。寺の山号はかつて寺の南に大きな池があったことに由来するというが、貫井の池のことなのだろうか。すぐ近くには「貫井弁財天」の小さな祠が祀られている。

⑧「貫井の池」そばの道　貫井中学校の南側。暗渠は二つの道に挟まれた帯状の遊歩道と緑地帯になっている。マンションの建っている一帯がかつての「貫井の池」。ここから先の暗渠は貫井川遊歩道として、かなり整備された姿となって北へと続いている。

はまったくない。

現在の貫井川はほとんどの区間で完全に下水道化されていて、その流路も途中何カ所かで分断されており、暗渠というよりは川跡といったほうがよさそうだ。ただ、大部分の区間で川の流れていた跡をそのまま蛇行した道や緑道としてたどることができる。川跡沿いには護岸の跡、水路敷（すいろじき）のペイント、銭湯、橋跡、コンクリート蓋暗渠、釣り堀跡、弁財天、段差の階段、合流口など、川の痕跡が各所に残っている。

写真・文／本田 創

⑩石神井川との合流地点　石神井川の護岸に貫井川の暗渠の合流口が見える。下側は堰状になっていて、そこに空けられた穴から水が流れ出ている。この水は湧水だという。貫井川下流の暗渠は下水道貫井幹線となっているのだが、最下流の数百メートルの区間は下水は別ルートへ分かれ、雨水路となっている。その中のどこかで水が湧きだして流れているのだ。失われた貫井川がここだけは生き残っている。

2 エンガ堀

不思議な響きの名前だ。「江川」堀が訛ったとか、ふだん恩恵を与えてくれるのにいったん大雨が降れば水害のタネになるとは因果なもんだと囁かれていたのが転じたとか、由来には諸説ある。このエンガ堀は、西武池袋線の東長崎駅・江古田駅、東京メトロ有楽町線・副都心線の千川駅・小竹向原駅、以上四つの駅の間に広がる向原田圃とよばれた場所を流れていたが、それはあちこちから流れてくる個性的な支流の集まりである。ここではこれらのうち、極立って特徴的な4本の支流について、たとえば四則演算の「加減乗除」になぞらえながら順番に紹介していこう。

まず一つめは「加」の支流。千川上水のあった都道４２０号線、明豊中学校の南東を起点とし、北西に流れていく。途中に湧水もあったようで長崎6―39付近では傍らにもう一つの流れも加わって進んでいく。

次は「減」。起点は環状七号線（環七）沿い、小茂根4丁目と小竹町2丁目の境にある焼肉チェーン店向かい付近。要町通りを越え東に進路を変えると、一見ただの車道のような暗渠道が続く。この道は広く開放

①千川上水をくぐる暗渠
「加」の支流が暗渠らしくなるのは明豊中学校の西側、千早６－１と６－２の間。ここでは千川上水は高度を保つため築樋となっていたため大きな段差が残っている。

②環七も大きく凹む、谷頭と思しきところ
「減」の支流の起点付近。古地図ではここまで川筋が確認できる。しかし、環七を南に下ったところに車止めがある道を発見。「さらに上流が……?」と課題が尽きることがないのも暗渠の楽しみの一つ。

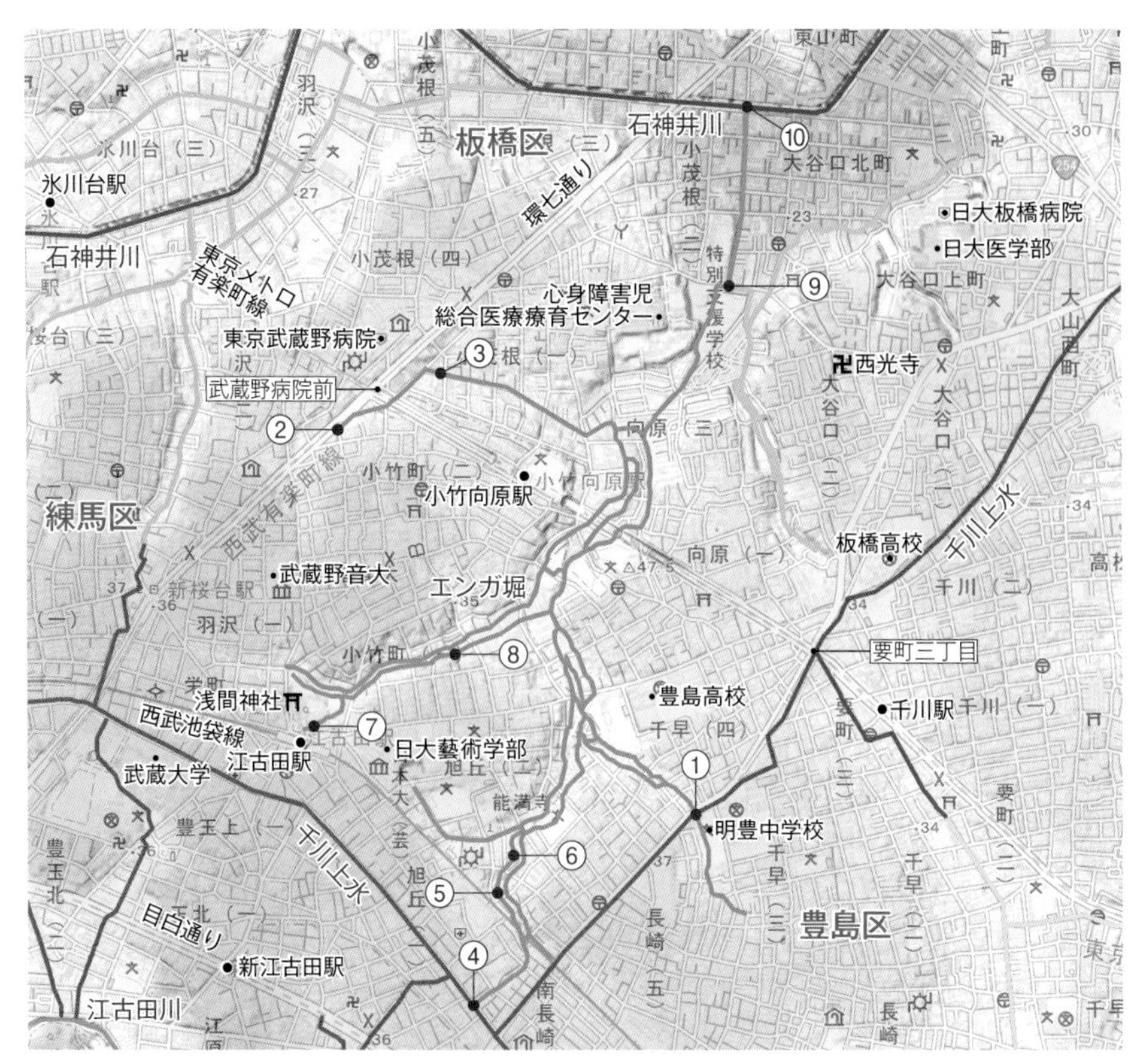

的で、本来多くの暗渠がもつ侘び寂びを限りなく削ぎ落としたような佇まいはまさしく「減」。続いて「乗」。千川上水から、豊島区と練馬区の区界を描きながら西武池袋線を越えて北上

③車道に紛れる暗渠　「減」の支流を下っていくと、幅も広く、路地っぽさ・湿っぽさがない堂々とした対面通行の車道になる。とはいえ、ふつうの車道であればわざわざセンターライン上にグリーンベルトなど配するわけがない。「減」の支流といいながら、手前に大きく「＋」が2つも写っているのはご愛敬。

④区界を描いて始まる暗渠　練馬区旭丘１－４と豊島区南長崎６－10の間から始まる「乗」の支流。賑やかな千川通りに、ひっそりと湿った異世界への入り口が開いている。分水領となっている千川通りの反対側には、江古田分水、葛が谷分水の始まりがある。

する支流。さらにこのすぐ隣には水源を異にしたもう一つの流れもある。これは線路際の土手からの湧水を集めた小川で、すっかり周囲から取り残された化石のような暗渠風景を垣間見ることができる。多様な景観の相乗効果が発揮されるエンガ堀の一大名所だ。

最後は「除」。江古田駅の北、富士塚のある浅間（せんげん）神社周辺から湧き出す支流。古地図で見られる神社の北側の小さな池が水源となっていたようだ。また神社の南側にも水路らしき痕跡があり、以前は神社の東半分を囲むよ

⑤湧水を湛えていた、「乗」の支流のもう一つの水源　奥は西武池袋線が通る低い土手。地元の方のお話では、かつてここからの湧水が小川となり、昭和30年代までは子どもたちがエビを獲って遊んでいたという。

⑥住宅スキマの化石のような蓋暗渠　めったに人が入らない風情（まあ、ふつうこんなところに用がある人はいない）。今や誰からもありがたがられない、その存在の純粋さに心打たれる。上流の土手までの個人敷地内にも浅い谷と蓋暗渠が続いている。

⑦浅間神社を囲むような水路跡　「除」の支流が始まる浅間神社を囲む水路の一つ、江古田駅北公園の脇を抜けていく暗渠路地。奥の一部は駐輪場に利用されているが、これも暗渠ではよくある風景。

⑧支流？　副支流？　平行暗渠のとらえ方　水田地帯を流れていた水路では、くまなく水田を潤すために川筋が複数となっていることが多い。そんな場所では、主・副に関わらずそのまま流れを受け入れるもよし。ここは小竹町１丁目付近。

⑨向原団地の北・地蔵橋付近　大谷口方面からこの谷に下りる坂を地蔵坂といい、ここに架けられていた橋は地蔵橋とよばれた。名前の元となったお地蔵様は現在、坂の途中の西光寺に安置されている。

⑩最後は石神井川へと一直線　合流口真上に排水機所という施設があり、大雨時にはエンガ堀と石神井川の水位調整を行っている。ちなみにその傍らには、かつてあった牧場の痕跡も残っている。

うに水が流れていたのかもしれない。支流は北東へと進んでいくが、小竹町1丁目から要町通りを越えた先までのところどころでは、まるで一つの流れを割り算して分割したような複雑な流れを見ることができる。

　4本が合流して向原団地の敷地を抜けたあとは、四則演算で弾き出した明快な答えのように、迷いなく直線を描いて石神井川に合流する。

写真・文／髙山英男

3 田柄川

自然河川と人工の水路が絡み合い、多彩な表情を織りなしているのが田柄川（田柄用水）だ。もともとは光が丘の秋の陽公園付近から川が流れ出していたが、その上流には雨が降ったときだけ現れる枯れ川の小さな谷があったという。そこに明治4年（1871）、玉川上水からの分水（田無用水）のさらに分水を田無から引いてきて一本の流れとした、というのがこの田柄川のおおまかな成り立ちである。

起点となる分水地点からの西東京市エリアでは蓋暗渠の道が断続するものの、富士街道沿い以降の直線区間ではほとんど川の痕跡は見られない。しかし、西武池袋線石神井公園駅付近から北に進路を変え三軒寺、土支田の浅い谷を縫ってくねくねと進みはじめると、再び暗渠らしさが楽しめるようになる。かつては練馬清掃工場前で、23区における田柄川本流唯一のコンクリ蓋暗渠が鑑賞できたものだ。

光が丘公園付近から、現在田柄川緑道となっている自然河川の田柄川と、その北に造られた田柄用水とが並走する。ここ一帯はかつて水田が広がっており、二本の間や周辺にたくさんの水路があった。今なおいたるところ

①**大ぶりのコンクリ蓋暗渠**　練馬清掃工場前のわずかな区間で見られた蓋暗渠。蓋と巨大な縁石が一体となった珍品だったが、すでに消滅。（写真は2012年当時）

②**暗渠菓子!?「田柄川緑道散歩道」**　暗渠好きを思わずうならせるモチーフのお菓子は、田柄川沿いの「菓子処・あかぎ」作。田柄川暗渠めぐりのお土産はこれでキマリ。

にその痕跡が残っており、このエリアではまるで「暗渠の銀河系」に迷い込んだかのようなファンタジックな気分が味わえることだろう。

「銀河系」だけでなく、ここに吸い寄せられる流れ星のように北西からやってくる二筋の短い支流も必見ポイントだ。一つは神明ヶ谷戸で、田柄4―38、某スポーツ量販店裏を起点とした支流だ。田柄用水との合流点付近（田

③練馬区の「ご当地」暗渠サイン 川と用水とをつなぐ、かつての連絡水路。道路上に青地に白で「水路敷」と大書きされているのは、練馬区特有の暗渠サイン。主張が強くてわかりやすいが、経年変化で文字が判読できない物件も多数。左：2020年　右：2012年

④田柄川の支流・神明ヶ谷戸の暗渠旧・グラントハイツ（米軍宿舎）敷地のあたりから始まる、神明ヶ谷戸とよばれた谷を伝う暗渠。田柄4－15の駐車場脇ではかつて砂利と砂で覆われた「加工度の低い暗渠」を見ることができた。左：2020年　右：2012年

柄4―20）にはかつて金子水車とよばれる水車があったという。

そしてもう一つは、田柄4―31と4―32の間を流れる支流。直接暗渠上をたどれないので、カタカナの「コ」の字状に追っていく。流れは住宅の隙間や駐車場、クリーニング屋さん（注）の横をするすると掠めて見え隠れするが、途中の数カ所で息を飲むような絶景と出合える。

田柄川は、しばらく田柄用水と接点をもたずに並走するが、その間環状八号線（環八）を越えた所で、「棚橋」の親柱が姿を現す。ちなみにこの付近には某バス会社のターミナルがあるが、このような施設が暗渠の横にある

⑤自販機の裏から始まる蓋暗渠　神明ヶ谷戸に平行して、浅い谷がもう1本田柄川に向かう。その起点はこの自販機裏コンクリ蓋暗渠。この北、川越街道付近は荒川水系とその分水領となっており、前谷津川水源も近い。

⑥日常を超えて苔むす異次元　田柄4－11と4－12の間。身近にありながらも、川であり川でない、道であり道でないという「非現実・非実在」感も暗渠の魅力の1つ。この場所の意味と存在の間に横たわるように、蓋暗渠にびっしりとコケが生い茂っている。

ケースはきわめて多く見られる。

田柄川と田柄用水は練馬区錦と平和台の境界で合流、やがて板橋区に入ると桜川と名前を変え、石神井川に注ぐ。合流口付近には江戸時代からあげ堀とよばれる人工の水路が造られており、その遺構は今でも安養院（あんよういん）境内に残されている。

写真・文／髙山英男

（注）おそらく大量の排水を必要とする関係だろう、クリーニング店や銭湯、プールなどの施設は暗渠に隣接した場所に多くみられる。

⑦よくぞ残してくれた、橋の親柱　おそらく田柄川で唯一残されている本物の橋の遺構、「棚橋」の親柱。東武東上線上板橋駅からグラントハイツに通じていた鉄道・啓志線（廃線）もこのあたりを通っていた。

⑧暗渠に隣り合うバスターミナル　暗渠に隣接する理由は洗車排水の便のよさに加え、水気の多い土地なので住宅地としては敬遠され、その結果ある程度まとまった敷地が取得しやすかったから、ではないだろうか。

4 谷田川・藍染川

谷田川・藍染川跡には次々と商店街が並ぶ。コロッケ、メンチ、焼鳥、団子……何を食べ歩くか迷ってしまう。たくさんの人が歩き、やはり何を買おうかと考えているように見える。こんなに賑わう暗渠も珍しいのではないか。川跡が商店街になる例はしばしばあるが、それにしても。

ところで、この川の名は谷田川なのだろうか？　藍染川なのだろうか？　「ここに藍染川が流れていましたよね」、駒込あたりで道行く方に尋ねたところ、「藍染川じゃない、谷田川だよ。藍染川はあっち（下流を指して）」とのお返事。同一の川であることは認識しつつも、地域により呼び方にこだわりがあるようである。文献では、上流部が谷戸川、中流部が谷田川、下流部が藍染川と記されることもある。ここでは地元の方にならい、上流部を谷田川、谷中より下流を藍染川とよぶこととしよう。

暗渠化されたのは大正終期から昭和初期である。水源は染井霊園のあたりにあった長池。水源や川に比して谷が妙に仰々しいのは、もとは石神井川の削った谷であるためだ。源流部の染井は植物にとって好条件を備えた土地であり、江戸最大の植木センターであった。立派なソメイヨシノを横目に暗渠を歩き出すと、無造作に刺さる不染橋の親柱に出合う。さらに下ると、今度はマンホールがサクラの形に装飾された染井銀座商店街が姿を現す。商店街は賑やかさを保ったまま霜降銀座商店街に移行する。かつては付近で豪商・林武平邸の池の水、妙義神社の谷戸の水、古河庭園の泉水などが、ひそやかに流れ込んでいた。

霜降橋を渡すと、その名もずばり谷田川通りとなる。交差する田端銀座商店街も流路であったという。田端あ

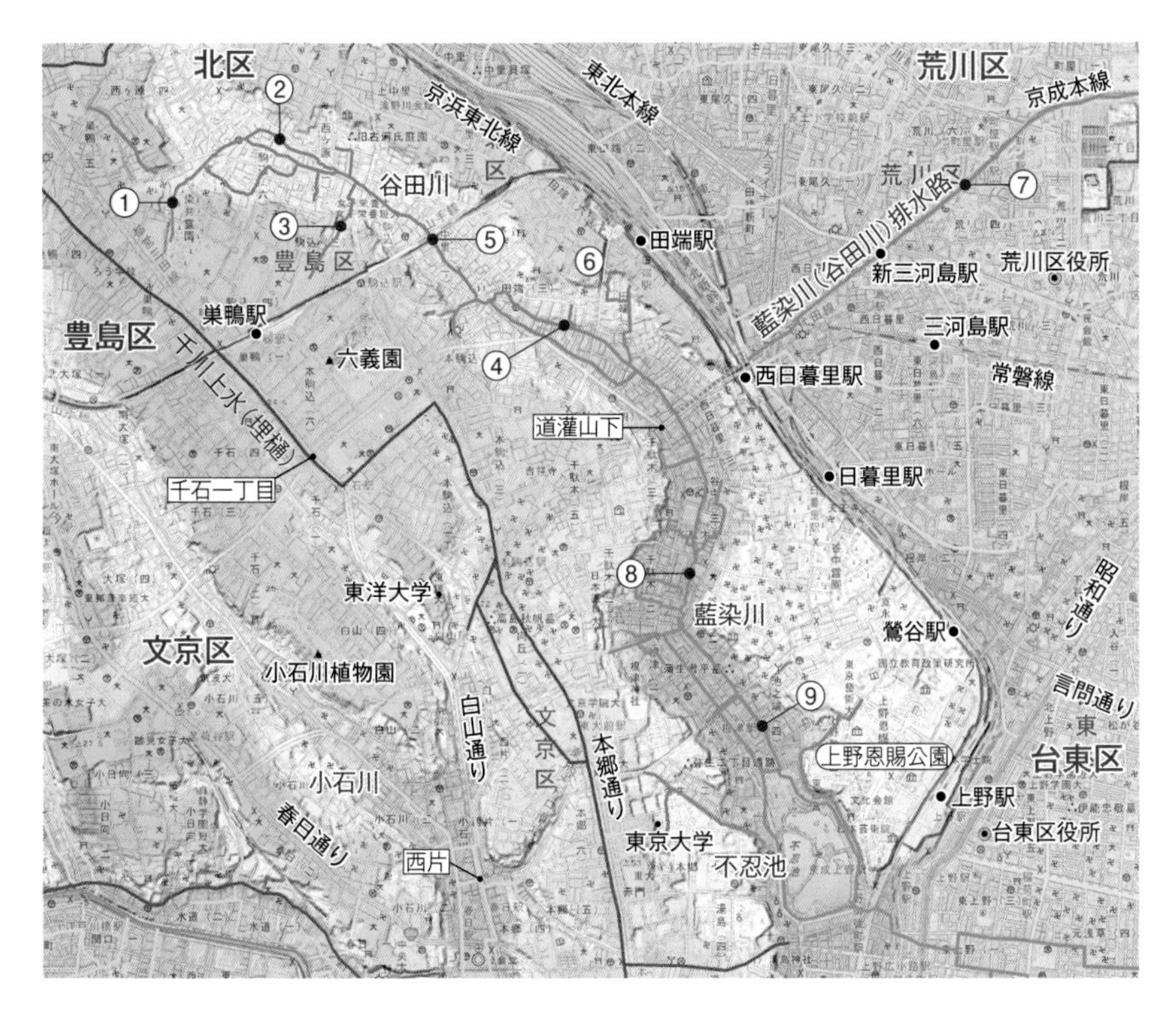

①春の染井霊園　サクラの名所であり、賑々しさと厳かさが同居する空間だ。付近にはほかにも釣り堀藍染園などいくつかの湧水池があり、谷田川に注いでいた。

②染井銀座商店街の裏表　谷田川跡に広がるこの商店街（a）は、川と同じに蛇行している。１本北は豊島区と北区の区境（b）で、そこもまた谷田川の川跡であり味わいが異なるため、どちらを歩くか迷ってしまう。

⑤**用水ガードと橋の欄干**　名もわからぬ橋の欄干（写真左端）が、なぜここに埋められているのだろう。右にあるのはその名も「中里用水ガード」、ここを谷田川が通っていたことを示している。

③**妙義神社の立地**　このように本郷台の突端にある。社殿等は2020年に改築された。横の谷には、湧水と津藩藤堂家下屋敷の下水を源とする支流が流れていた。

たりは一面の畑で、いくつもの洗い場が点在していた。野菜畑に思いをはせながらしばし歩くと、やがて谷田橋という名の交差点に出る。……この川を歩いていると、豊島区、北区、文京区、荒川区、台東区と区境が続々現れ、境川という異名がつくのもうなずける。名称が全体で統一されにくいことも、もしかするとこの川がことに境目を流れているからなのかもしれない。道灌山付近の区境多発地帯を過ぎれば、藍染川（谷田川）排水路の分岐点があり、「谷根千」に入る。賑やかなのはよみせ通り。その裏は蛍沢とよばれる低湿地であった。続いてへび道にさしかかる。

　ちなみに傍らの本郷台ではかつて、須藤公園、汐見小学校の急崖、根津神社などからダクダクと水が湧いていた。崖線の風情残る千駄木ふれあいの杜（太田摂津守下屋敷の一部）にもかつて池があり、そこから流れ出す支流ではウナギが採れたという。

　へび道のクネクネが終ると、根津の町並みだ。畔にあった根津遊郭にちなんで黄昏橋、月見橋など、風流な名の橋が架かっていたという。その先、最下流ではここまでのにぎやかさがぱたりとやんで唐突に狭小路地となり、不忍池に注ぐ。不忍池の先は忍川、三味線川、鳥越川と名を変えながら隅田川へと下ってゆくが、いずれも暗渠となっている。

写真・文／吉村生

⑦**藍染川排水路と花之木橋**　水害対策として大正 7（1918）年に排水路が築かれたが、昭和 35（1960）年までに暗渠化。今、藍染川通り（a）と藍染川西通りという名になっているように、荒川区ではこの水路を藍染川とよんでいた。花の木交差点にあった花之木橋の親柱は、2011 年に撤去されてしまった。異なる時代の親柱が、近所に保存されている（b）。

⑧**へび道**　ヘビのようにクネクネするこの細道はなんだかほのぼのとしていて、歩いているだけで楽しい。千駄木の七曲りともいわれるそうだが、実際にはもう少し多く曲がっている。周辺は、以前は民家もなく沼地だったそう。

⑨**最下流**　根津付近で水害が多かったため、水はけをよくしようと江戸期に五人堀が掘られ 2 流となっている。もっとも、それでもなお氾濫したといい、たとえば金魚屋から金魚が流れ、喜んですくったというエピソードがいくつも残る。

⑤**水神稲荷**　隣に「宮元洗い場」があり、地元の人が採れた野菜を洗ってヤッチャ場（青物市場）に向かった。大根やネギを洗っていたため、下流部で採れたシジミがネギくさかったという逸話も残っている。

⑥**田端八幡神社の谷田橋**　暗渠化にともない、谷田川に架かっていた谷田橋が田端八幡神社の参道に移された。荷車がよく通った橋で、轍（わだち）が残っている。

Ⅵ 上水・用水の暗渠

水のない地域をくまなく補った上水・用水網

動脈と静脈の関係にあった上水・用水と山の手の川

東京の山の手・武蔵野台地の川や暗渠をたどっていくうえで興味深いのは、谷筋を流れる川とセットで、屋根筋を流れる玉川上水とそこから分けられた上水・用水が存在することだ。

玉川上水はもともと、江戸の飲料水不足を解消するために引かれた上水道で、承応(じょうおう)2年（1653）に開通した。多摩川の水を羽村取水堰(はむらしゅすいぜき)で取り入れ、四谷大木戸まで43キロの区間、武蔵野台地上を東進した。その後は地下に埋められた木樋(もくひ)や石樋(せきひ)で、主に江戸城の西から南側のエリアに給水していた。上水としての役目は明治以降も、昭和40年（1965）に新宿の淀橋浄水場が廃止されるまで300年以上にわたり続いた。

そして玉川上水からはもっとも多い時期で三十数本に及ぶ分水が分けられ、初期は主に飲用に、そしてその後は主に谷筋の水田の灌漑(かんがい)用や、台地状の新田開発に利用された。規模の大きな分水としては、①野火止(のびどめ)用水（承応4年〔１６５５〕開通）、②千川上水（元禄9年〔１６９６〕開通）、③品川用水（寛文9年〔１６６９〕開通）、④三田用水（寛文4年〔１６６４〕開通）がある。そのうち、この本で取り上げるエリアに関係するのは②③④だ。

いずれも当初は上水道として開削され、のちに農業用水に利用されるようになった（②④は明治期に入ると軍事用施設や工業用水としても利用されるようになり、なんと１９７０年代初頭までその利用は続けられた）。その際、水田の多くは川沿いの谷戸や低地にあったため、用水路からさらに分水が分けられて谷に導かれ、川へと接続された。川がそのまま用水路の続きとなったり、灌漑や飲用・生活用に使われたあとの水が川に流されたりした。また、公式な分水だけではなく素掘りの水路から漏れた水や非公式な分水もあり、川の水源や湧水の涵養源にもなっていた。

このように、江戸時代以降の東京山の手地区の用水路と川は、いってみれば動脈と静脈の関係で結ばれていた。各用水と川の関係については、左の別表にまとめているので、参照してほしい。

玉川上水から山の手地区の川につながる分水
鈴木田用水・鈴木用水・田無用水・田無新田用水（→石神井川）
田柄用水（→田柄川）
牟礼村分水（→水無川・烏山川）
烏山用水（→烏山川）
北沢用水（→北沢川）
高井戸分水・神田上水助水（→神田川）
幡ヶ谷分水（→神田川支流）
原宿村分水・千駄ヶ谷分水・御苑分水・玉川上水余水吐（→渋谷川）
田安下屋敷分水（→紅葉川）

千川上水から山の手地区の川につながる分水
六ケ村分水（→井草川・妙正寺川・桃園川・善福寺川）
下練馬分水・王子分水（→石神井川）
中村分水・中新井分水・江古田分水（→江古田川）
葛が谷分水（→妙正寺川）
長崎分水（→谷端川）

品川用水から山の手地区の川につながる分水
仙川用水（→仙川・入間川）
世田谷村分水（→烏山川）
弦巻村分水（→蛇崩川）
用賀村分水（→谷沢川）
大堀（居木橋方面）（→目黒川）
大堀（大井方面）（→立会川、鹿島谷の川、池尻川）

三田用水から山の手地区の川につながる分水
山下口（→森厳寺川〔北沢川支流〕）
溝ケ谷口（→北沢川支流）
神山口（→宇田川支流）
駒場口（→空川）
大坂口・中川口（→目黒川）
鉢山口・猿楽口・道城池口（→渋谷川）
別所上口・定相寺山口（→目黒川）
銭瓶窪口（→目黒川・白金分水）
鳥久保口・妙円寺脇口（→目黒川）
久留島上口（→玉名川・目黒川）

根と枝葉の構造をもった、低地に送水する用水網

いっぽうで、今回この本では取り上げないが、山の手から隅田川以西の低地にかけての水系を見たとき、台地の南北の縁に別の用水路と川の関係が見られることを紹介しておこう。一つは六郷用水、もう一つは石神井中用水・下用水だ。

六郷用水は狛江で取水した多摩川の水が主な水源ではあるが、途中で野川などの、国分寺崖線沿いに湧く湧水や川の水を集めていた。そして現在の大田区内の低地に入ると、さらに呑川や内川の水も交差しながら、網の目のように分水路を広げ水田を潤していた。

石神井用水は、台地状の湧水や支流の水、あるいは玉川上水や千川上水の分水の余水を集めて流れた石神井川を利用した用水だ。北区で低地に入る前後で分水し、一気に枝葉を広げるように用水路を南北に巡らせ、現在の北区、荒川区内の水田を潤していた。

いずれも、1本の木の根と枝葉の関係にたとえられるような、動脈／静脈とは別の関係が成り立っている（地図は13ページの暗渠マップ参照）。また、足立・葛飾・江戸川区といった低地エリアには利根川水系から水を引いた、見沼代用水、葛西用水、上下之割用水といった放射状の水路網も広がっていたが、これらについては付録地図での紹介にとどめ、稿を改めたい。

文／本田 創

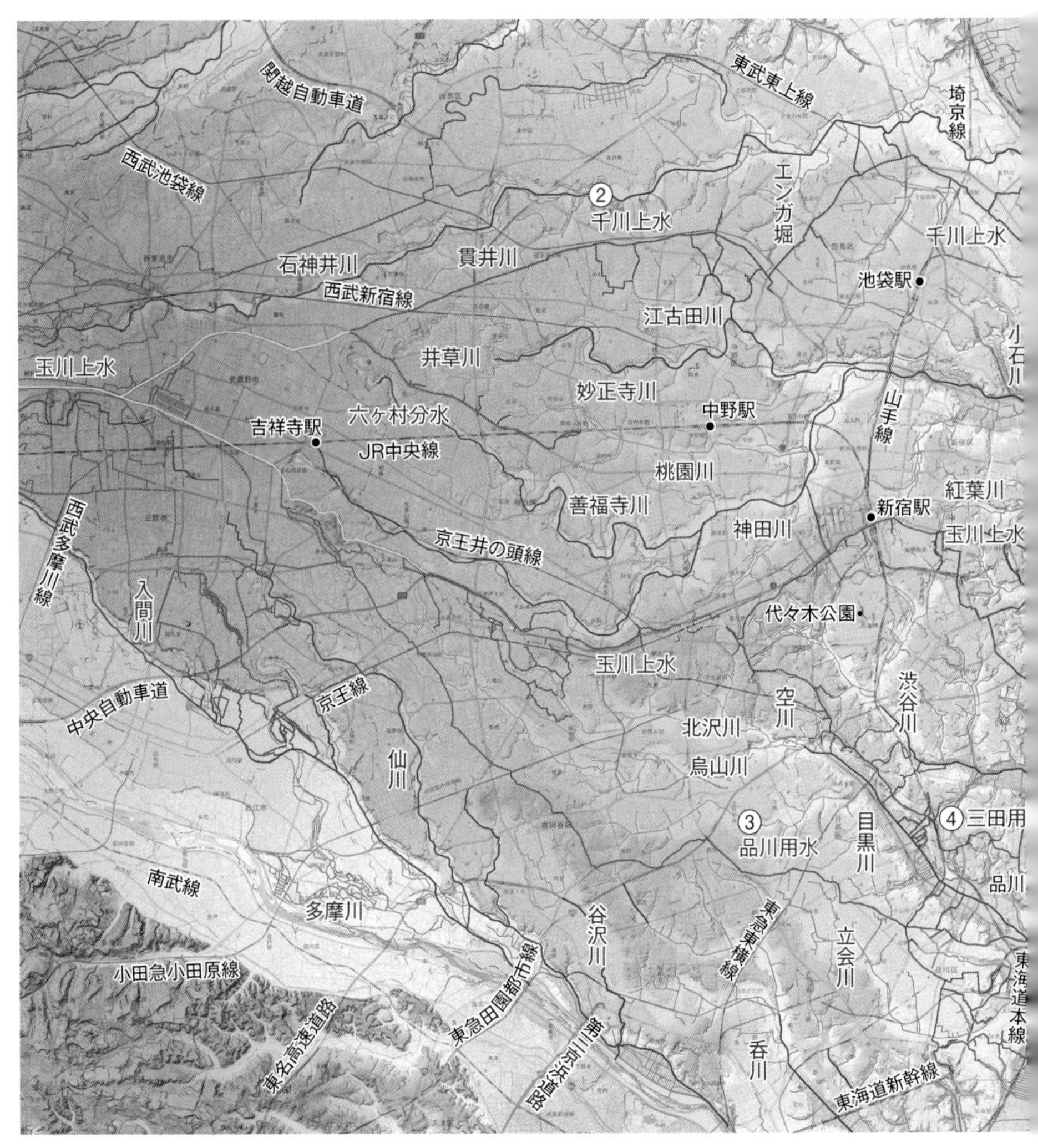

地図凡例

- 玉川上水系の暗渠
- 玉川上水系の暗渠（本文対象外）
- 玉川上水系の開渠
- 暗渠
- 開渠

1

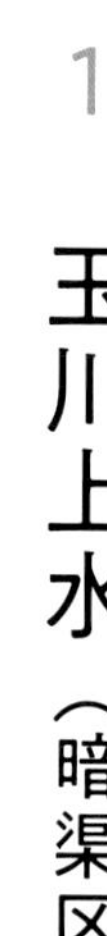

玉川上水（暗渠区間）

①旧・浅間橋付近　暗渠に入っていく玉川上水。ここからやや下流にあった浅間橋は暗渠化の際に撤去された。

玉川上水は、杉並区久我山まで開渠で流れてきたあと、杉並区高井戸西の旧・浅間橋付近で暗渠となる。ここから下流は一部の区間を除いてほぼすべて暗渠化されており、地上部は遊歩道や公園になっている。かつて用水に架かっていた橋の欄干（らんかん）の一部が残されていたりする。それらの痕跡を紹介しながら、玉川上水の到着点であった内藤新宿までを紹介しよう。

暗渠となった玉川上水は、しばらく甲州街道と並走する。杉並区内では三つの公園と一つの緑地として整備されており、それぞれが異なる雰囲気をもっている。

井ノ頭通りと甲州街道の交差点脇にある和泉給水所より下流は、明治後期に行われた水道改良事業によって建造された玉川上水新水路が分岐していた。この事業により玉川上水の役目は明治31年（１８９８）に終了し、余水路（よすいろ）として使用された。新水路もすでに役目を終えて撤去され、水道道路だけが残っている状態だ。

②暗渠上の公園　玉川上水第三公園（杉並区下高井戸）では、空堀状になった水路跡を歩くことができる。公園遊具も点在しているが、自然の雰囲気がほどよく残った公園だ。

④笹塚駅南東の開渠　ここは近隣の住民の要望で暗渠化されずに残されたという。比較的大きな野鳥が舞い降りてきたりする。

③笹塚駅の南西の開渠　この区間の上流部には幡ヶ谷村分水の取水堰の痕跡がある。

⑥**撤去前の北沢橋欄干**　「大正十四年十二月成」の文字が見える。背後では道路拡幅工事の準備が進められている。この個体は工事後、姿を消した。

⑤**南ドンドン橋**　笹塚駅近くに保存されている橋の欄干の親柱。「南」があるということは他にも……？　と思うのが常。遠く三鷹市の玉川上水に「ドンドン橋」がある。

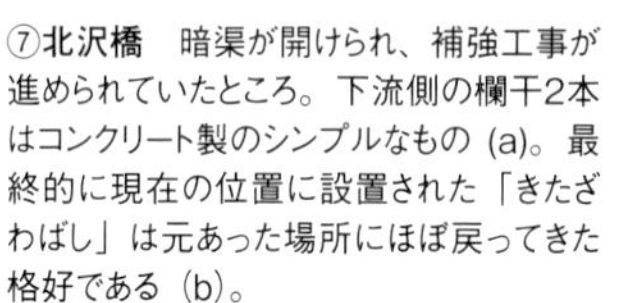

⑦**北沢橋**　暗渠が開けられ、補強工事が進められていたところ。下流側の欄干2本はコンクリート製のシンプルなもの（a）。最終的に現在の位置に設置された「きたざわばし」は元あった場所にほぼ戻ってきた格好である（b）。

ここから京王線笹塚駅近くまでの区間に、３カ所の開渠区間がある。とりわけ昔の姿をとどめていると思われるのが笹塚駅を挟む二つの開渠だ。写真③と④がその姿である。ただし往時の水量とは比較にならないと思われる。

玉川上水と中野通りが交差するところに架かっていた北沢橋は、現在大正時代の親柱二本がモニュメントとして設置されている。中野通りが拡幅（かくふく）されるまでこの場所には、上流側に大正時代の欄干、下流側に昭和期の欄干がそれぞれ残っていた。またここから南へ２００メートルほどのところにある北沢小学校の正門脇にも大正時代の親柱一本が保存されていた。新旧あわせて五本の親柱が残っていたわけだが、小学校が面している井ノ頭通りと、中野通りがほぼ同じ時期に拡幅されることとなり、結果的に昭和期の欄干は撤去、大正時代の欄干のうち二本の親柱が保存されたのである。

この時に撤去された昭和期の欄干は、おそらく上水路が暗渠化された頃に渋谷区がモニュメントとして置き換えたものだろうと思われる。渋谷区内の玉川上水跡には、他にも数多くの橋が現代的デザインのモニュメントに変身している。

渋谷区西原に残っている相生橋の親柱は、大正末期に架けられ

⑩葵橋のモニュメント　実際には二つの橋を擁した葵通りの標柱でもある。

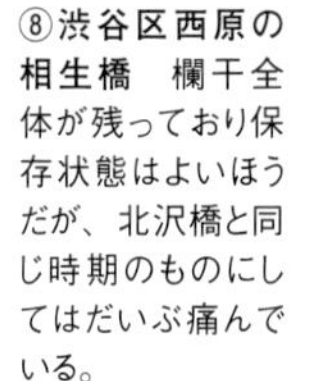

⑧渋谷区西原の相生橋　欄干全体が残っており保存状態はよいほうだが、北沢橋と同じ時期のものにしてはだいぶ痛んでいる。

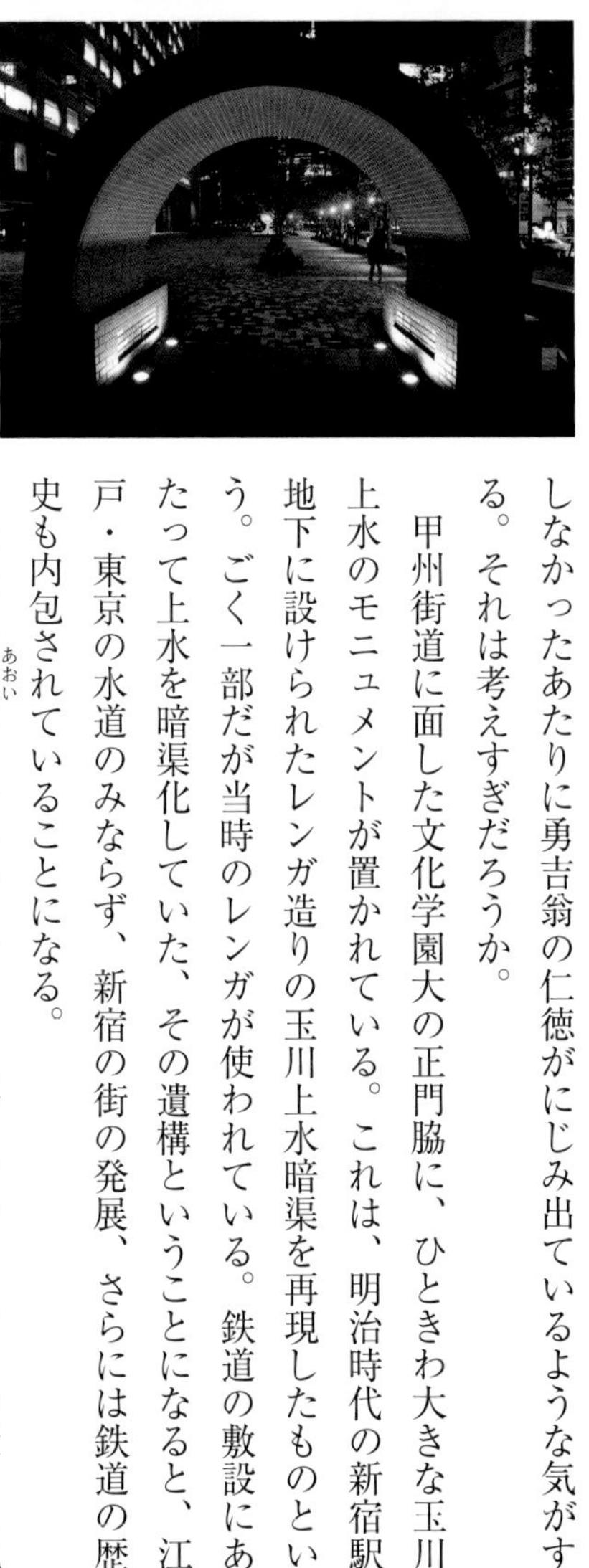

⑨上水の遺構　玉川上水が新宿駅構内をくぐっていた暗渠をほぼ実物大で再現している。旧水路は明治 31 年に役目を終えているので、その最後の姿ということになろうか。

た当時のままのものだ。橋名のほかに「大正十三年十一月」「建設人渡辺勇吉」と刻まれている。近代以降はこうした個人による架橋は特に珍しくない。たいていは橋を架けた家の苗字がそのまま橋の名になっているのがほとんどだが、この橋を「渡辺橋」としなかったあたりに勇吉翁の仁徳がにじみ出ているような気がする。それは考えすぎだろうか。

甲州街道に面した文化学園大の正門脇に、ひときわ大きな玉川上水のモニュメントが置かれている。これは、明治時代の新宿駅地下に設けられたレンガ造りの玉川上水暗渠を再現したものという。ごく一部だが当時のレンガが使われている。鉄道の敷設にあたって上水を暗渠化していた、その遺構ということになると、江戸・東京の水道のみならず、新宿の街の発展、さらには鉄道の歴史も内包されていることになる。

最後に、葵（あおい）橋のモニュメントを紹介しておこう。この近くに紀州徳川家が薬草を栽培する庭園があった。そこからの連想で、上水に架かる橋がいつしか葵橋とよばれるようになったのだという。玉川上水が江戸市中に到着するあたりに残るモニュメントが葵橋というのはなんとも粋ではないか。

写真・文／世田谷の川探検隊

①現在の千川上水分水口　写真の左から右へ玉川上水が流れていき、千川上水への水は奥へ落ち込んでいく。なお、旧分水口の痕跡が上流約600メートルに二つ残っているが、季節によっては生い茂る草で観察しにくい。

2 千川上水

千川上水は、いわゆる「江戸の六上水」（神田・玉川・本所・青山・三田・千川）の中でもっとも新しく開削された上水である。時は元禄9年（1696）、五代将軍綱吉の命による。自身の別荘である小石川御殿（現在の小石川植物園）・湯島聖堂・上野寛永寺・浅草寺など、城北に位置する施設への給水を主たる目的とした。玉川上水からの分水を、現在の武蔵野市から練馬区、豊島区、板橋区、そして北区をかすめて、再び豊島区まで通した。それより先の江戸各所へは、地中の木樋を通じて給水していたという。

しかし、江戸時代においては、上水道としてよりも、農業用水としての役割のほうが大きかった。千川上水から枝分かれする小さな分水は数多くあり、周辺20カ村の田畑を潤していた。また、明治の一時期に水道会社が上水を管理して本郷地区や小石川地区などへの上水道供給を行ったこともあるものの、幕末以降は、最下流域では工業用水としての利用が主だった。板橋で陸軍の火薬工場が、北区滝野川周辺で紡績工場や製紙工場、大蔵省紙幣局などが引水していた。

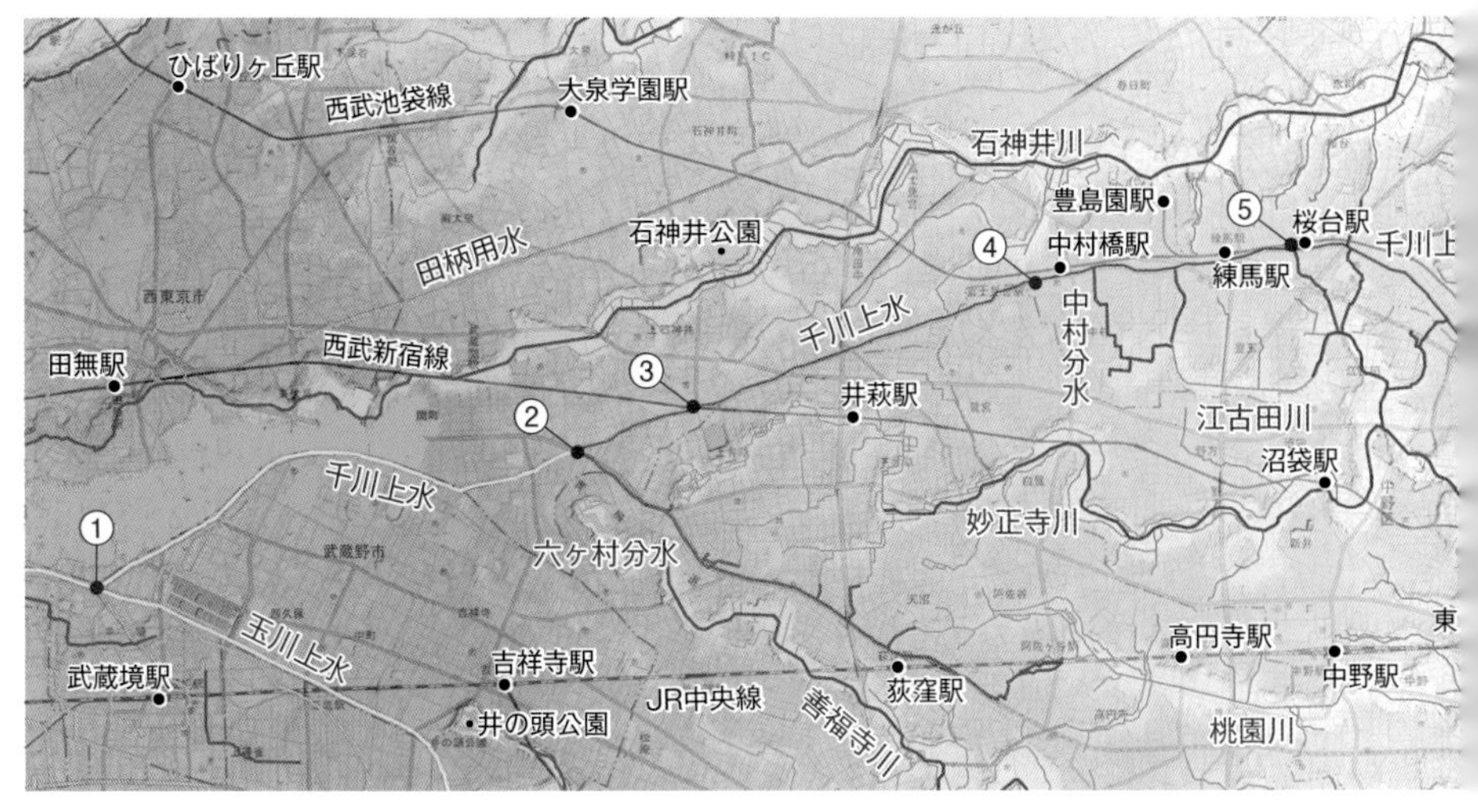

このようにさまざまな目的に利用された歴史をもつ千川上水だが、ほかの上水がそうであったように、都市化にともなう暗渠化が進む。昭和初期から始まり、最上流部の5キロと写真③の部分を除き、昭和45年（1970）には暗渠化がほぼ完了している。

玉川上水からの現在の分水口は、武蔵野市のほぼ西北端、境橋のすぐ

②**暗渠のスタート地点**　青梅街道の関町1丁目交差点。この先、千川上水はほぼ暗渠になる。ここで六ヶ村分水が分かれ、青梅街道沿いに伸びていた。

③**わずかに姿を見せる**　西武新宿線と千川通りが交差する手前で、わずかに上水が開渠になる。なぜ暗渠にしないのか、不思議なくらい短い。

④**千川通りのグリーンベルト**　長く続くグリーンベルトとサクラ並木は、千川通りを代表する風景だ。上水はグリーンベルトの真下に位置しているという。

⑤**中新井分水（下新街分）の暗渠**　西武池袋線桜台駅の南口西側に、南へ伸びる細い路地がある。これは江古田川につながる分水だったところだ。暗渠道らしい雰囲気がある。また、この脇には三枚橋という橋があったとのこと。

⑥**上水の築樋**　土地が低いこのあたりは、築樋で高くして流れを保った。上水の位置は車道より1メートルほど高い。東京メトロ千川駅南方にも築樋が見られる。

下流にある。開渠部分はここから約5キロで、都の清流復活事業による下水高度処理水が1日に1万立方メートル流されている。

北東方向に進んだ流れは緩やかに蛇行し、やがて青梅街道と交差する（関町1丁目交差点）。ここからが暗渠のスタート。上水の上は千川通りとなっていて、練馬区の南縁を東に走っていく。グリーンベルトやサクラ並木が、かつて水路があったことを偲ばせる。なお、関町1丁目交差点は、上水の分水口の一つだった。「多摩郡六ヶ村分水」が青梅街道に沿って伸び、上井草方面に給水していた。先述の1万立方メートルの水は、三割が千川上水へ、七割が六ヶ村分水へと振り分けられているという。

千川上水は、豊島区に入ったところでほぼ直角に北東へ曲がる。東京メトロ有楽町線・副都心線の千川駅の上を通り、緩やかに東へ振れながら板橋区大山町へ。ここでは、暗渠

⑦上水のサクラ並木　都立板橋高校の南東を上水が走っていた。千川通りと同じく、この道にはサクラが植えられていて、かつて水路であったことが容易に想像できる。

⑧千川上水分配堰　水道や工業用水として上水の水をどれだけ分配するか、その値が刻んである。それだけ水は重要だったのだ。ちなみに、王子用水はここから北東方向に伸びていた。そのため、この付近は「堀割」とよばれている。

⑨公園に残る巻揚機　上水の終端には千川上水浄水場（現・千川上水公園）があった。地下には駒込の六義園（りくぎえん）へ送水するための沈殿池や水量を調節する分水堰が残っている。園内には、沈殿池の巻揚機（バルブ）が飛び出ている。

の道が賑やかなアーケード商店街と交錯していておもしろい。そのまま進んでいくと、都営地下鉄三田線の板橋区役所前駅の上で、中山道に沿う形で今度は南東方向に折れる。JR埼京線板橋駅の北側を通ってから先は崖線の際（きわ）を通しており、南西向きの斜面を下ればほどなく、並行する谷端（やばた）川の暗渠道にぶつかる。崖線の上と下に水流なんて自然にはありえないことなので、不思議な気がする区間だ。終点は明治通りとぶつかったあたりで、現在そこは千川上水公園となっている。

なお、先にあげた製紙会社などはJR京浜東北線王子駅周辺にあったが、その一帯へは千川上水公園のところから北へ伸びる堀が掘られた。これを王子分水ともいう。もともとは幕末に造られた大砲製造用反射炉のための堀だったが、この計画が頓挫したのでその地に工場が進出し、用水を利用したという経緯だそうだ。

写真・文／樽永

3 品川用水

①分水口　武蔵野市境3丁目。玉川上水に残る品川用水取水口の遺構。もちろん後年造り直されたもので、コンクリートと鉄製である。

②取水堰　取水口付近の水流と水位を安定させるためのもの。

品川用水は、寛文（かんぶん）9年（1669）に開削された用水路である。現在の武蔵野市境で玉川上水から分水され、大井村・戸越村・蛇窪（へびくぼ）村など（いずれも現在の品川区・大田区）を灌漑していた。昭和20年代までは農業用水や水車を用いた軽工業などにも使われたが、廃止されたあとは埋め立てられ、跡地は道路などに転用されている。

上水や用水が造られた江戸時代には、汲み上げポンプなどはもちろんない。自然流下で目的地まで導水する水路の常として、流路は標高の高いところを結ぶルートをとる。したがって、雨水や生活排水が自然の河川のように流れ込むことはない。取水口が閉ざされれば、おそらくなんの役にも立たなくなる。そ

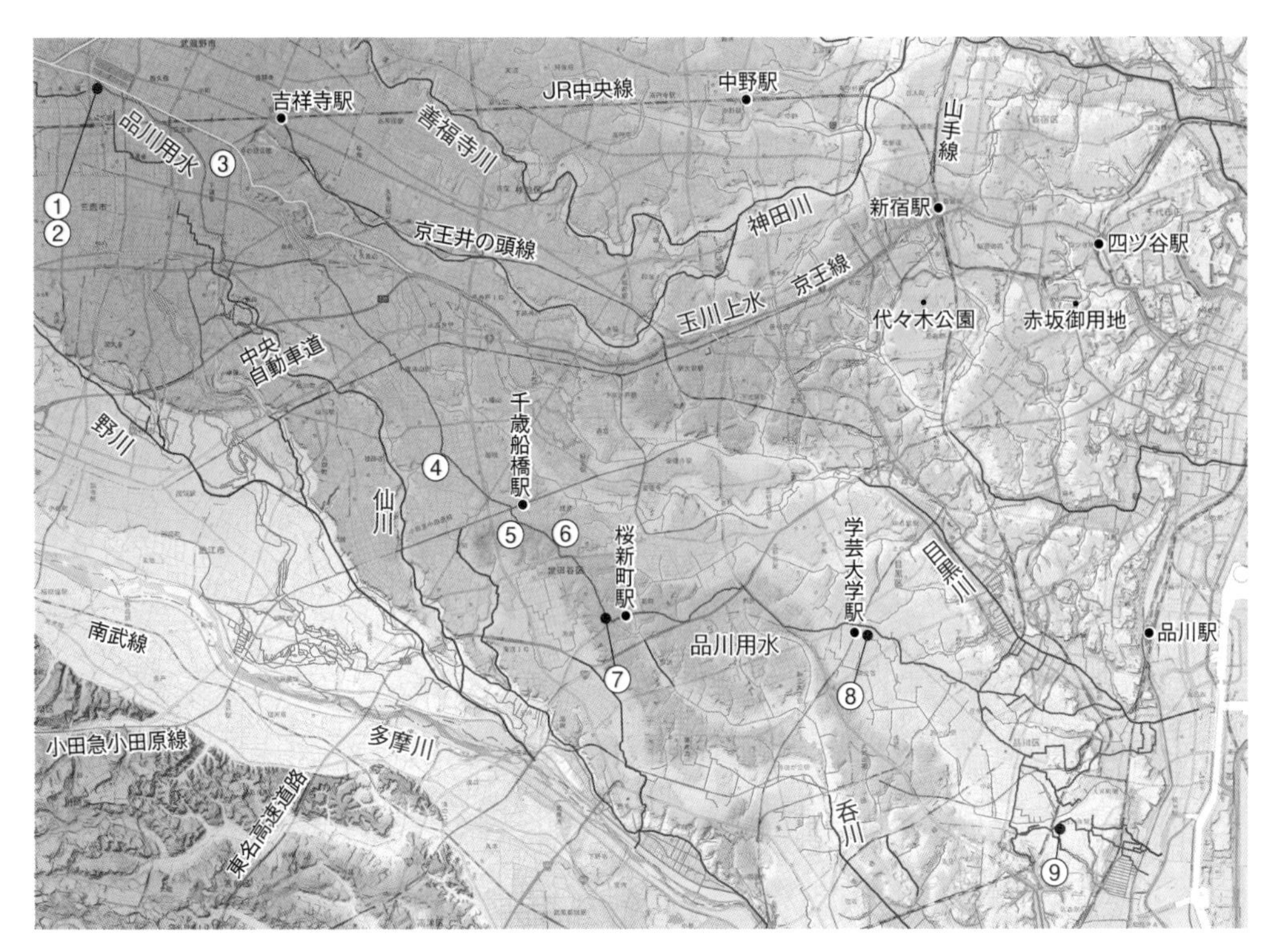

③用水沿いの町並み 用水に沿っていたさくら通り（三鷹市）。周囲を探しても暗渠はない。消えてしまったのではなく、もともと品川用水は暗渠化されていないのだ。暗渠があったとしても、それは後年造られたものだ。

④塚戸十字路（世田谷区千歳台） 十字路とは名ばかりで、実際は２本だけが大きい「Ｌ字路」。品川用水跡には、こうした直角のカーブが多い。

⑤用水跡はサクラの名所に　千歳通り（世田谷区桜丘）。このあたりは標高が高いため、切通しを造って用水が通された。今ではサクラの名所。

のため、暗渠化されることもなかったのだろう。埋め立てられるケースが多く、現在残っている流路跡も、自然の河川とは大きく異なった様相を見せる。

品川用水の流路の周囲には、開削される以前から谷や沢、池や湧水などが点在し、多くの中小河川の水源となっていた。用水の完成後、地中に漏れた水によってそれらの水量が増加したり、人工的に（ときには非公式に）引水され、多くの田畑が栄えることとなった。

中小河川の痕跡や谷筋をさかのぼっていくと上水・用水跡に行き当たる、というケースはたいへん多い。また、上水・用水の終了によっていくつかの池や河川は姿を消したが、今でも水が湧き続けている池も少なくない。

品川用水の流路を把握しておくと、周辺の川跡めぐりをする際の楽しさは倍増する。

写真・文／世田谷の川探検隊

⑦用水の曲がり角　世田谷区桜新町。ここでも用水はほぼ直角にカーブしていた。南に下る斜面には、呑川の上流端が迫っている。用水と河川の密接な関係があった場所だ。

⑥橋の痕跡　東京農大の西一帯には、用水に架かっていた橋のモニュメントが並ぶ。こうしたものはここ以外にはあまり見かけない。

⑧流水跡にできた商店街　目黒区鷹番。そうと知らなければ単なる商店街にしか見えないが、ここも品川用水の流路跡である。

⑨草地になっている用水跡　品川区二葉。南品川宿周辺の田畑へと向かっていた、下流域の品川用水の跡。奥の高架を走るのは新幹線。

4 三田用水

①三田用水の分水口　ここから南へ続く道路があり小さな商店街になっているが、水路はその道沿いではなく数メートル裏手にあったようだ。

②撤去前の用水点検口　三田用水の点検口といわれるもの。すでに小田急線の工事で取り壊されてしまったが、この写真は着工直前の姿だ。

玉川上水から取水されていた三田用水は、当初江戸城下南西部へ給水する三田上水として開削された。神田・玉川・本所・青山・千川の各上水とともに江戸の六上水といわれるが、神田上水と玉川上水以外の４本は享保(きょうほう)７年（１７２２）に廃止された。三田上水の廃止後、周辺各村からの請願で再開されたのが三田用水である。

分水口の痕跡は今も笹塚の玉川上水跡で見ることができる。明治中期にはこの水を利用したビール工場が作られたのをはじめさまざまな産業、さらには軍事にも利用された。

用水の流路は自然にできた河川とは違って周囲よりも高い位置にあり、取水をやめると用水路には水が流れなくなる。そのため水路跡はふつうの川跡とは異なる様相となる。

三田用水は昭和49年（１９７４）に用水が終了されたあと埋め立てられ、跡地の一部は民間に分譲された。水路跡を辿ると店舗や住居、駐車場などに転用されているのがいた

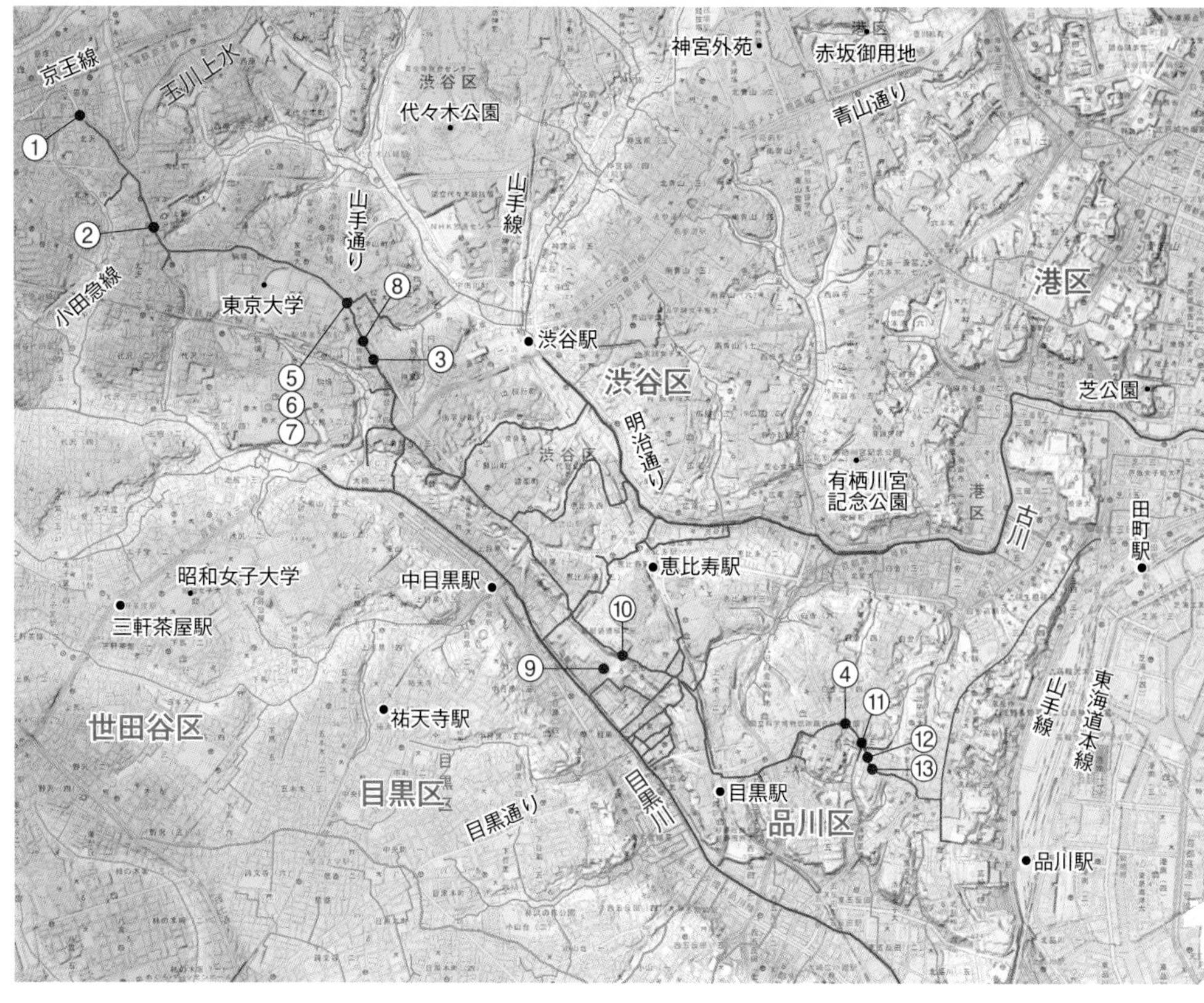

るところで見つかる。

少し変わった例が山手通り沿いにある。三田用水を流していたボックスカルバートが約50メートルにわたって残っているのだが、ここは東京大学の校地で、敷地外周[※]のフェンスの一部に水路の遺構が組み込まれたような形になっている（⑤⑥）。

用水跡は南進して玉川通り（国道246号）と

③埋められた水路の生まれ変わり　流路跡をたどると、この幅の土地がさまざまに転用されているのを見ることができる。ここでは駐車場になっている。

④埋められた水路の生まれ変わり　ここでは細長い区画に住居が建っている。軽くカーブを描いているのも水路だった頃のままだ。

※2020年暮れの時点でこの界隈では複数の工事が進行しており、このまま保存されるのかどうかはわかりません。早めに見ておくことをお勧めします。

⑥**用水上部の点検口**　先述した点検口がここにもついている。もちろんこれは近代以降、工業用水として活用された時代のものだ。

⑤**道路脇に残された水路**　一見するとても水路には見えないが、このボックスカルバートの中を三田用水が流れていた。

⑦**暗渠開封**　工事でボックスカルバートの一部が切り詰められ、中を見られる状態になった際に撮影したもの。内部は変形の六角形になっていた。

⑧**鞍状に残った水路跡**　この階段の奥はわずか数メートルで再び下り階段になっている。鞍状に残った水路跡の地形がそのまま残っている。

⑨**現在の茶屋坂**　水路橋が撤去されたあと、かつての面影を伝えるのは一枚の説明板だけだ。

⑪**築堤の一部**　水路が谷を渡るための築堤が保存されている。断面状に見えるのは二本の水路。

⑩**かつての茶屋坂隧道**　この上部を水路が通っていた。写真が不鮮明なためお見せできないが、水路には金属製の蓋がされていた。

⑫**築堤の一部**　随所に築堤の痕跡が残っているが、その多くは私有地である。

交差する。

古くは大山街道と呼ばれた道で、ちょうどこの場所は渋谷川と目黒川の分水嶺の頂上でもある。道路とビルの立て込んだ一帯の、周囲よりわずかに高い場所に水路跡が道路となって残っている。高すぎても低すぎても水はうまく流れない。当時の測量技術には舌を巻くばかりだ。

西郷山公園（目黒区青葉台）付近にはかつて製綿工場があり、三田用水からの分水を利用した水車を動力としていた。明治後期に描かれた錦絵『角谷製綿工場之真景』には水車動力と蒸気動力を併用して綿を加工し、馬の引く荷車で出荷している様子が描かれている。水車から蒸気機関へ移り変わっていく過渡期の貴重な記録だ。このほか三田用水は軍の火薬製造にも利用された。

⑬谷を渡り終える場所　ここには地蔵尊が祀られている。背後の地形がすとんと落ちているところにご注目。

目黒区三田2丁目の茶屋坂には、昭和5年（1930）に切通しが造られた際に水路部分を掛樋（水路橋）にした茶屋坂隧道があった。平成15年（2003）に撤去され、現在は壁面に埋め込まれた説明板が残るのみだ。

用水は、切通しの道程度なら掛樋で越えていくが、自然の谷筋となるとそれも難しい。玉川上水もいたるところで谷筋を迂回して開削されている。しかし三田用水は迂回しきれなかった小さな谷を築堤を造って越えている。その一部が現在も残っており、その上部も今は民地となっている（⑫⑬）。

こうしたマクロの視点で見られる痕跡のほか、路上に馬の鞍状に盛り上がった水路の痕跡があるなど、ミクロの視点で楽しむこともできる。三田用水の流路周辺では、暗渠探索とはまったく違った地形を楽しむことができるだろう。

写真・文／世田谷の川探検隊

Special Report 6

新宿御苑付近に眠る江戸の歴史

玉川上水余水吐 遺構の宝庫をめぐる

四谷4丁目付近に玉川上水の分水路があった

バブルクラッシュの頃から始まった、江戸地図を片手に巡る東京散策ブームのおかげで、今では江戸の地図も手軽に手に入るようになり、インターネットでの閲覧も可能な時代になった。地図を見ると、場所によっては現代よりも民家が密集していた地域も多々あり、さすが当時世界一の人口を誇った都市だと実感する。

そんな江戸の町を想像しながら見ているうちに、一つ気になる点を見つけた。玉川上水の終点にあたる現在の四谷4丁目付近から、南へ流れる水路が描かれてあるのだ。勤務先が近いこともあってよく知っている場所だけに、「こんなところに実際の水路や水路跡などがあったのだろうか？」と疑問に思ったが、ふと、いつもその横を通るたびにおぼろげに気になっていた、道沿いから見えるトンネルの跡（画像①）を思い出した。

このトンネルと水路は関係があるのかもしれないと思ったことから、今回の「玉川上水余水吐」探検は始まった。ちなみに、江戸の地図『江戸切絵図』には「上水吐」と書かれていたりする。

甲州街道の宿場として生まれた内藤新宿

水路の話の前に、まずはそのスタート地点である四谷4丁目界隈に関してふれておきたい。

四谷4丁目という場所は四谷の中でも西の外れにあたり、街としてはどちらかというと新宿のエリアに属する。四谷4丁目交差点からJR新宿駅に向かって北側の一帯は、江戸時代には内藤新宿上町、仲町、下町とよばれていたが、やがて明治に入って内藤新宿1丁目から3丁目へ、そして大正時代に内藤がなくなり、現在の新宿のみの町名になった。

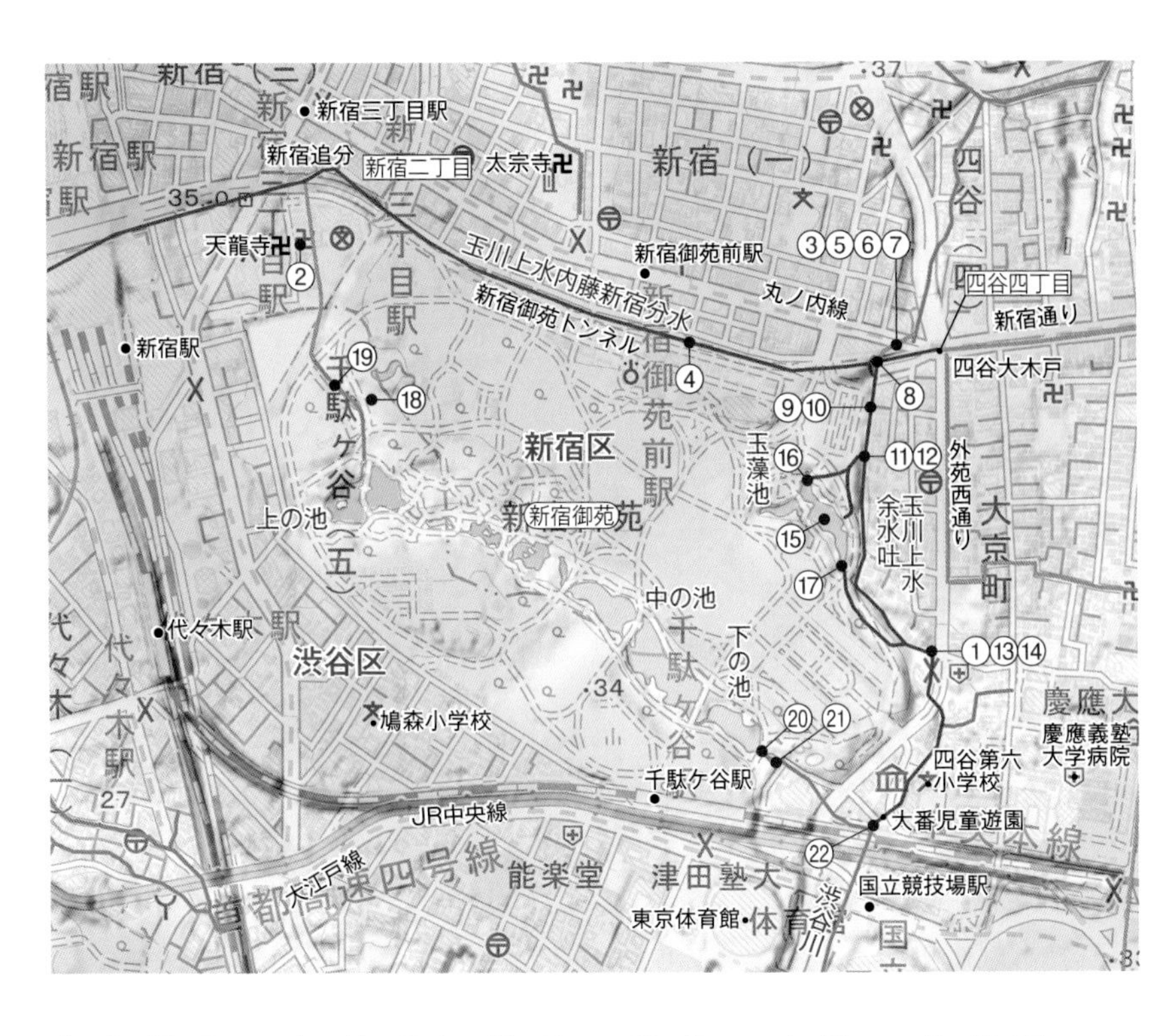

現在、新宿の繁華街はJR新宿駅を中心とした新宿3丁目一帯に広がっているが、江戸時代にはそれより東部の新宿2丁目から1丁目のエリア、すなわち四谷4丁目寄りのほうが栄えていた。これは五街道の一つだった甲州街道の宿場の位置に関係する。

日本橋からスタートして半蔵門を経由し、府中から日野を通って甲府へいたる甲州街道は、もともと西国の大名を監視する目的と同時に有事の際の将軍の退路としての意味をもつ、軍事的な色合いの強い街道だった。しかし徳川政権が安定すると、その役割は江戸町民の富士山詣や荷物の運搬道に変わっていき、人の往来も激増していった。

最初の宿場だった高井戸までの距離が四里（約16キロ）と多少遠かったこともあって、その中間地点として江戸時代中期に設けられたのが内藤新宿だった。この宿場の名は、のちにふれる内藤家の大名屋敷があった場所だったこと、そして、それまで小規模な人馬の休憩所にすぎなかった内藤宿に対し、新しい本格的な宿場という意味合いで命名されたといわれている。

四谷大木戸（現・四谷4丁目交差点）から追分（現・新宿3丁目交差点）までの間に旅籠や茶屋が並び、内藤新宿は宿場町としてにぎわいを見せた。特に飯盛女（遊女）を大勢抱える岡場所としても繁盛したことから、現在の新宿のルーツを垣間見ることができる。

当時すでに吉原は公認の遊郭としてその名を知られていたが、その遊興費は高く、それなりの資産家でないと遊ぶことはできなかった。それに比べ、岡場所として栄えた新宿は料金も安く、庶民の遊興場としての色合いを強めていった。

赤線・青線の面影と追分という地名

その後、明治に入ると、特に新宿1丁目の一帯には乳牛を飼育する牧場ができ、のどかな風景が広がった時期もあったそうだが、やがて新宿駅の隆盛とともに徐々に発展し、関東大震災と前大戦の二回の壊滅的な打撃を受けながらも、荒廃を糧とするようにそのつどめざましく復興してきた。

戦後になると、特に新宿2丁目は赤線地帯として高級娼館が建ち並ぶ華やかな色街へと発展したが、昭和33年（1958）の売春防止法の施行によって、江戸時代から続いた色街の灯火はこのときを境に消えた。しかし青線地帯だったゴールデン街やセンター街、そして新宿4丁目のエリアにはその面影が今も遺る。ゴールデン街には、いわゆる「ちょんの間」とよばれる三階部屋が遺る店も多く、また新宿4丁目には、近年建て替えられた都立新宿高校の豪華な校舎の影に隠れて、かつての青線時代を彷彿とさせる趣のある旅館（画像②）が散見する。

ちなみに赤線とは、戦後、黙認の娼館だった「特殊飲食店」が集中していたエリア、また青線とは、主に赤線の周辺で赤線まがいの営業を無認可でしていた店が集中するエリアのことを指し、警察が取り締まりのために赤青鉛筆で色分けをしていたことから、そうよばれるようになったといわれている。

また新宿3丁目の交差点付近の前身である追分という地名は、そこから成木街道（現在の青梅街道）と甲州街道が分岐していたことからその名が付いた。現在でも新宿3丁目の交差点近くにある和菓子の老舗「追分団子」や伊勢丹百貨店前のバス停「新宿追分」などに、その名残を見ることができる。

そんな新宿の東端にあり、甲州街道から江戸市中への入り口だった四谷大木戸は、江戸開幕後ほどなくして開設された見附（検問所）だった。道の両側に石垣を築いて狭くし、その間に門を設置して江戸へ入る人馬や物品を改めた。『江戸名所図会』の「四谷大木戸」（画像③）は、すでに木戸が撤去されたあとに描かれたものだが、幅広く敷かれた石畳の甲州街道（現在の新宿通り）の様子などが克明に描かれていて興味深い。

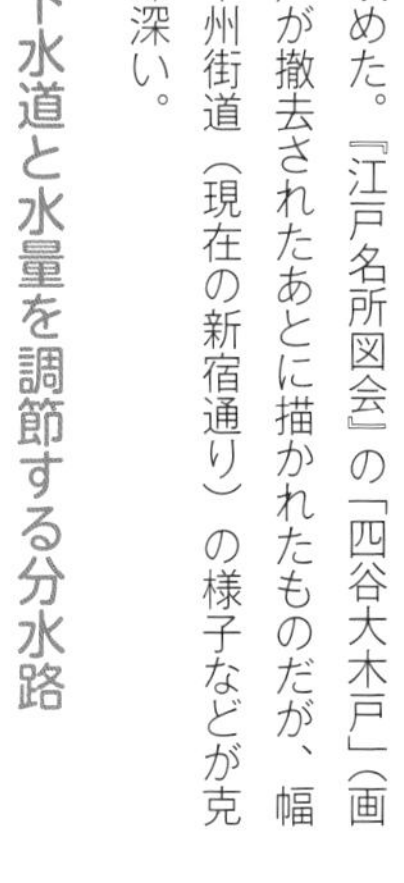

玉川上水の地下水道と水量を調節する分水路

四谷4丁目の次に、余水吐の元となる玉川上水に関してもふれておきたい。江戸時代、幕府の命によって玉川兄弟が造り上げた

とされる玉川上水をご存知の方は多いだろう。東京の羽村市から四谷大木戸までの約43キロを掘割で流れてきた水流は、四谷から地下水道となって江戸市中を潤していた。

四谷4丁目から南西に広がる新宿御苑、その北面に沿う遊歩道の地下には、玉川上水跡を囲むように造られたボックスカルバート（矩形暗渠）が今も眠っている。すでに上水の水流はないが、近年、この暗渠の上に、かつての開渠だった玉川上水を偲ぶ目的で、玉川上水・内藤新宿分水が整備された。遊歩道の真下を通る新宿御苑トンネル内に湧き出す地下水を利用した、まったく新しい作り物ではあるものの、鬱蒼と茂る木立の中のせせらぎは、新宿とは思えない閑静な空間を作り出している（画像④）。

そして、四谷大木戸から始まる地下水道は、まず「石樋」とよばれる石製の太い水道管で虎ノ門

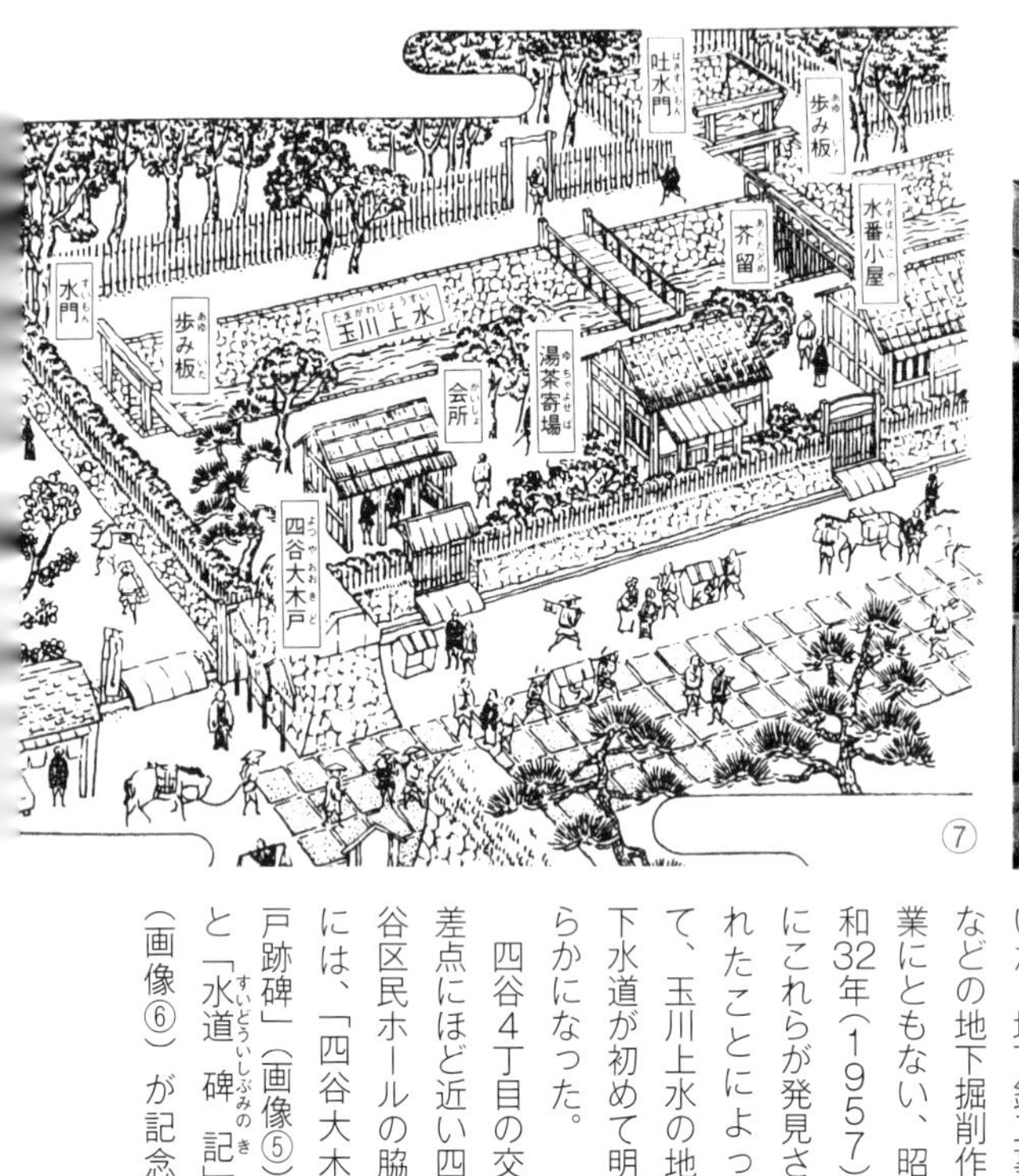

まで通水し、その後は「木樋（もくひ）」とよばれる木製の水道管で、主に江戸城内および四谷を中心とした城西地区へと水を供給していた。地下鉄工事などの地下掘削作業にともない、昭和32年（1957）にこれらが発見されたことによって、玉川上水の地下水道が初めて明らかになった。

　四谷4丁目の交差点にほど近い四谷区民ホールの脇には、「四谷大木戸跡碑」（画像⑤）と「水道碑記（すいどうひのき）」（画像⑥）が記念碑として立っている。四谷大木戸跡の碑は、昭和34年（1959）、東京メトロ丸ノ内線の工事の際に出土した石樋の蓋をもとに造られたものだそうだ。

　四谷大木戸のすぐ脇には水量や水質の管理を行う水番小屋があった。地下水道へ入る水門の手前には「芥留（あくたどめ）」とよばれるゴミ取りの設備を備え、常に江戸市中への水質を管理していたという。『江戸切絵図』を見ると、水番小屋のことを「玉川御上水御改場」と記しているので、上水の水が基本的には江戸城のためのものだったことがうかがえる。さらに宿場に近いことから、馬の糞尿が流れ込むのを監視したり、また宿場の遊女となさぬ仲になった男女の身投げの警戒などもしていたようだ。

　ちなみに当時は濾過や消毒といった処理をせず、原水のまま市中へ送水されていた。現代から考えると想像しがたいが、43キロにおよぶ堀割は、いたる所で厳しい水質の管理が行われていたという。

　そして、水量が多かった玉川上水は、芥留の手前で、余った水を落水していた。これが玉川上水の余水吐である。『図解　武蔵

野の水路　玉川上水とその分水路の造形を明かす』（渡部一二／東海大学出版）に掲載されている当時の図解（画像⑦）を見ると、水番屋と四谷大木戸の様子がよくわかるだろう。

現在、余水吐の分岐点付近には、下水道局の開閉弁施設（画像⑧）があるが、近辺の下水を集水するだけとなっているそうだ。また、余水吐の始まり付近の流路は、新宿トンネルの完成にともなってなくなってしまった。分水点を失った余水吐は、トンネルを越えた先から、都の下水道局が管理する千駄ヶ谷幹線となって遺っている。下水道局の台帳を閲覧すると、玉川上水と同様に、2メートル弱四方のボックス・カルバートが埋設され、汚水と雨水の両方を流す合流管として書かれている。しかし新宿御苑の話だと、流れる水のほとんどは、雨水などの天水とのことだった。

⑨

実際に余水吐跡を歩く

ずいぶん長い前置きになってしまったが、そろそろ余水吐の水路跡を見てゆくことにしよう。暗渠のスタート地点は金網で塞がれ、立ち入れない。少し迂回すると、特に柵などがあるわけでもなく、ふつうに水路跡へ降り立てる場所がある。

⑩

年期の入った凝灰岩製の階段（画像⑨）を降りるとそこが余水吐の暗渠だ（画像⑩）。新宿御苑の深い木々に覆われて昼なお暗い水路跡は、時空を超えて大都会に忽然と現れた、秘境のようにすら見える。暗渠は思いのほか広く、その幅3メートルくらいだろうか。玉川上水の水量がいかに豊かだったかを物語る証拠だろう。

右には新宿御苑のコンクリ製の柵が並び、左下には趣のある石組みの土台が遺っている。この先も同様の石積みが何カ所か見られるので、これらはおそらく水流があった時代の名残だと思われる。

マンションを超えると、水路跡は急峻な下り坂になり、その手前の両端に石柱が頭を出している（画像⑪）。よく見ると、ともに内側がスリット状にくり抜かれているので、その間に板を差し込んで水量を調節する堰柱（せきちゅう）（画像⑫）の名残だろう。この堰柱が江戸時代のものかどうかはわからず、また、下水道工事の際にわざわざ遺した理由もわからないが、貴重な遺構といえるのではだろうか。

堰柱を越えて進むと、いくつかの排水溝が設置された高いコンクリートの壁が左に見えてくる。壁面のところどころにシダが群生しているが、よく見ると排水口から流れ出した土が地面から排

⑪

⑫

⑬

⑭

水口の高さまでつながって盛り上がり、それを苗床にシダが成長していた。長い時間、この場所に人の手が加えられていないことがよくわかる。

急峻な坂を下ると、再び緩やかな傾斜の暗渠となり、木造三階建ての民家などがあって、暗渠特有の時が止まった空間が広がる。その後は個人住宅や集合住宅の裏手を流れ、緩やかに蛇行を繰り返しながら、やがて大きく東へ曲がって、ほどなく外苑西通りへと突き当たる。通りとのレベル差は、3メートルほどもあろうか（画像⑬）。

外苑西通りに突き当たった水路は直角に南へ曲がり、その位置に冒頭でふれたトンネル跡がある。緑色に着色されたガードレールを立てかけて入り口を塞いでいるものの、隙間があるので中をのぞいてみると、数メートルでトンネルを塞ぐコンクリートの壁が見える（画像⑭）。外苑西通りに出て、壁で塞がれた部分を上からのぞきこむと、確かに穴を塞いだ跡を確認できた。

隧道を越えた水路は、現在は四谷警察署大京町交番の下の短い距離を外苑西通り沿いに流れ、やがて通りの地下を斜めに横断して道の反対側へ続いていたようだ。道に架かっていた池尻橋の欄干を、今でもみることができる。

明治の地図を見ると、この隧道の近辺で新宿御苑の池から流れ出た水流が合流するように描かれているので、次は新宿御苑との関係に迫っていこう。

余水吐の水を利用して造られた玉藻池

四谷4丁目交差点の南西一帯に広がる新宿御苑の起源は、江戸時代前夜にさかのぼる。豊臣秀長から関八州を与えられた徳川家康が江戸城入城の際に、かねてより親交の深かった内藤清成（きよなり）に西方の軍備を託したことに始まるといわれている。

明治に入り、政府は内藤家から上納された土地と買収した隣接地をあわせて国内初の農業振興施設である「内藤新宿試験場」を開設するも、すぐに宮内省管轄の「新宿植物御苑」に変更、その後皇室の庭園として存続した。のちに上野へ下賜される動物園があったり、大正年間には9ホールのゴルフコースが設けられるなど、今からは想像もつかない時代もあったようだ。

前大戦のときに旧・御（ご）涼亭（りょうてい）（台湾閣）と旧・洋

⑮

館御休所を残して全焼するも、復興努力によって再生した新宿御苑は、戦後、国民公園として一般公開され現在にいたっている。

新宿御苑には大きく分けて五つの池があるが、そのいずれもが玉川上水と深いつながりのある池だった。四谷4丁目からほど近いところにある大木戸門から入ってすぐのところにある「玉藻池」（画像⑮）は、もとは江戸時代後期に玉川上水の余水を利用して造られた内藤家の庭園である「玉川園」の池だった。周囲の風景は激変したようだが、中央にある島とともに池自体は当時の面影を遺しているという。

余水吐のスタート地点から少し南下した、前述の堰柱付近に引水路を設け、玉藻池へ水を引いていたそうで、現在もほぼ当時と同じ場所から水が流入している（画像⑯）。ただし、現在の水流は玉川上水の水ではなく、主に雨水などの天水を集めた水であることは、すでにお伝えしたとおりだ。またこの引水路とは別に、余水吐より少し西寄りにも引水路を設けていたようだが、今のところ関連する施設や痕跡を見つけることはできていない。

池尻にあたる南端にはコンクリート製の暗渠（画像⑰）が造られ、そこから池の水が流れ出しているが、おだやかな池の水面とは裏腹に、それなりの勢いをもって流れ込んでいる。この水流が御苑敷地の地下を流れ、やがて外苑西通り付近で余水吐と合流するのだろう。

玉藻池の東側に位置する御苑外周の遊歩道からは、柵越しに余水吐の水路跡を見ることができる。水路跡を挟んで反対側の土地と御苑側の土地が水路に比べてかなり高く、余水吐が深い谷間を流れていたことがうかがえる。

御苑内の池はすべて玉川上水と関係していた

また、玉藻池のほかに、園内の南側のエリアには、東西に長く延びる「上の池」、「中の池」、「下の池」があり、東の外れにはその源泉となる「母子の森池」（画像⑱）がある。これらの池も、

かつては玉川上水から引水していたが、玉藻池と同様に、現在ではすべての池が天水および自然の湧き水によって補われているようだ。

母子の森池のすぐ横には、かつて玉川上水から引水していたときの名残がある。遊歩道を挟んで母子の森池の反対側の藪の中に、小さな堰柱をともなった石組みの矩形の穴（画像⑲／円筒形の管は後年の設営）があり、これが園内の池に水を流し込んでいたときの遺構だという。

さらに『江戸切絵図』を見ると、御苑の西端に隣接する天龍寺に大きな池があり、そこからかなり太い水流が南東へ向かって流れ、やがて余水吐に合流するように描かれている。これが御苑の中央を縦走する三つの池の原型だろう。天龍寺は現在も新宿4

丁目に現存しているが、境内にはすでに池はなく、その敷地も江戸期に比べるとかなり縮小している。住職に話をうかがうも、池のことはもうご存知ないそうだが、地下施設への湧き水が多く、何度も工事をしているということだった。どうやらこの一帯が今でも湧水地であることは間違いないようだ。

　母子の森池は浅いため、雨が降らないと水が干上がって、池というよりは沼地のようになっていることが多いが、天水がふんだんにあるときは、その隣にある上の池へと落水される。上・中・下の三つの池も、雨が降らないと多少水かさが減るものの、これらは深さがあるので常時池としての機能を果たしているようだ。三つの池はすべて細い水路によってつながっていて、下へ行くほど水流も強くなっている。池をつなぐ細い水路にはそれぞれ何カ所かに堰柱を設け、常に池の水量を調節しているそうだ。

　下の池の池尻には、明治後期に造られた国内初の擬木の橋（画像⑳）が今も遺っている。コンクリートで木の幹のように造り込んだ欄干をもつ橋で、多少の修復はされているものの、ほぼ当時の姿をとどめているという。

　橋の下を流れる水流はやがて森の中へ消えてゆくが、その先を追ってみると、玉藻池同様コンクリートで造られた開口部から暗渠へと流れ込んでいる（画像㉑）。この付近は水の音が森の木々に反響するほど水流も強く、三つの池を通して集まる天水の量がかなり多いことを感じる。

　こちらの暗渠は、その後すぐに御苑の敷地を出て外苑西通り方向へ向かい、やがて余水吐の最終地点付近で合流するように、地図には描かれている。

JR中央線・総武線の土手にある隧道の痕跡

話を本流へ戻し、外苑西通りの地下を流れて道の反対側に姿を現す余水跡は、都内に数多くある暗渠のご多分に漏れず、かつて動物オブジェの公園になっていたが、さすがに利用する子どもの減少からか、現在ではただの空き地になってしまった。

　空き地を進むと、やがて水路跡は都の建築資材置き場によってぶっきらぼうに寸断され、続く四谷第六小学校の敷地を通り、外

㉒

苑西通りと信濃町を結ぶバイパス道路を経て、再び暗渠公園として現れる。「大番児童遊園」という名の小さな公園は、前述の公園より後年に整備されたのだろうか。動物オブジェのデザインも、かなりリアルで凝ったものになっている。特にゾウなどは体表のシワまで細かく造り込まれた渾身の一品だ。

ほんの短い区間の公園を越えると、JR中央線・総武線の土手に突き当り、そこにかつて水路が流れていたトンネルの成れの果てと思われる痕跡（画像㉒）を見ることができる。コンクリートで固められた土手の一部がレンガ造りになり、その下のほうを見ると、土中に埋もれたコンクリートの構造物がほんの少し見える。おそらく水路が通っていたトンネルの上部と思われる。そして土中深く埋没して見えない部分がくり抜かれて、その下を水路が通っていたのだろう。御苑の下の池からの水流はこの付近で余水吐と合流し、JRの高架を越えていたようだ。

高架をはさんで、ちょうどレンガ遺構の反対側付近を見てみると、ささやかな窪地とその両側を囲う石造りの護岸跡のようなものが見てとれる。隣接する場所に住む住人に聞いたところ、かつて水が流れていたということだったので、ここから渋谷川へと水流がつながっていたのだろう。

四谷4丁目から国立競技場手前までの1キロにも満たない範囲をたどるだけで、東京に眠る江戸の一端を垣間見ることができた。これも、暗渠探検の楽しみの一つといえるだろう。

画像・文／黒沢永紀

Extra Report

Eボートで潜入!

外堀通り下の暗渠 水道橋分水路を行く

神田川の「分水路」とは?

JR中央・総武線の飯田橋駅の東口を降り、目白通りへ向かう。歩道から神田川の水面を見下ろすと、岸壁に大きな暗い穴がぽっかりと口を開けているのが見える。(写真①)。神田川の分水路の一つ、「水道橋分水路」である。

分水路とは、河川に設けられた脇道で、増水時に本流の氾濫を防ぐために水を導く目的のもの。神田川にはほかにもいくつか分水路があるので、見かけたことがあるかもしれない。

筆者は以前、手漕ぎのゴムボートで神田川が隅田川に注ぐ柳橋から上流までをさかのぼってみたことがある。その際に初めてこれらの分水路の存在に気がついた。初めて見る都会の洞窟に興奮して単独で入り口から数メートルほど入ってみたものの、その奥に広がる無限の闇に恐れをなしてしまい、すぐに引き返してしまった。

なんとか態勢を整えてこの奥を探検してみたい、そのためには川に関する専門家と一緒に行ったほうがいいだろう——そう考えて神田川をボートで下る業者やサービスを探したところ、NPO法人地域交流センターが運営している「Eボート」にたどりついた。

Eボートでの分水路航行計画

Eボートは10人乗りのゴムボートだ(写真②)。地域交流センター傘下の「都心の水辺探訪クラブ」が、東京の川や水辺に親しむことを目的に、春から秋にかけて月1回程度、日本橋川や隅田川を周遊する定期的なクルーズを催している。それとは別に、ボートを1日借りきることもできるという(その際には、Eボートのスタッフが同乗する。詳細は同倶楽部のウェブサイトを参照のこと)。

さっそく連絡をとって趣旨を説明したところ、分水路に潜ることはおそらく問題ないが、危険と判断したらすぐに中止して引き

文京区
東京医科
歯科大学
神田明神
台東区
水道橋分水路
⑨⑩
飯田橋駅
①
⑯
⑰
⑱
⑪
~
⑮
水道橋駅
湯島聖堂
御茶ノ水駅
秋葉原駅
神田上水
神保町駅
駿河台下
神田川
靖国神社
千代田区役所
千鳥ケ淵
北の丸公園
日本橋川
神田駅
小伝馬町
⑧
内堀通り
千代田区
日本銀行
⑤
大手町
⑥
大手門
⑦
半蔵門駅
中央区
千代田区
日本橋駅
東京駅
中央区
桜田門
亀島川
②
③
④
八丁堀駅
国会議事堂
有楽町駅
日比谷公園

②

①

返すという条件つきで、OKをもらうことができた。

8月のある日を決行日と決め、当日までに知人に声をかけ、ボートに乗るメンバーを8人集めた。Eボートは10人乗りなので、あまり少ないと漕ぐのがたいへんだ。それに、せっかくなら大勢で行ったほうが楽しいだろう。

当日は、八丁堀に12時に集合した。地域交流センターのスタッフのAさんから説明を受け、いざ準備開始。Aさんが持参した布団袋ほどの大きさの荷物を開封し、たたまれたゴムボートを取り出す。10人乗りのボートがなんと布団ほどの大きさに圧縮されていることに全員驚く（写真③）。大人8人がかりで汗をかきながらポンプを押していくと（写真④）、ぺちゃんこだったボートが少しずつ形を取り戻していき、20分ほどはかかっただろうか、ようやく準備完了となった。

亀島川・日本橋川をさかのぼる

各自ライフジャケットを着用し、地上でパドルの使い方などの説明を受ける。

いよいよ出発だ。岸辺に浮かべたゴムボートに順番に乗り込むのだが、片足をボートにおくと微妙に足元が揺れ、これから水の上を移動するのだという実感がわいてくる。全員が乗り込み終わると、Aさんが岸に結んだロープをほどき、ボートはすべるように離岸した。

出発地点は八丁堀。飯田橋までは亀島川から日本橋川をさかのぼり、およそ5キロの行程を漕いでいく。ボートの速度は歩く速さぐらいとのことだから、所要は2時間くらいだろうか。

おりしも正午過ぎ。8月の太陽が真上から照りつけるが、腰の高さには視界いっぱいに川面が広がり、吹き渡る風が気分を涼やかにする。チャプチャプとパドルが水を切る音もまたさわやかだ。ボートは箱崎で日本橋川に入り、江戸橋方面に向かって進んでいく。川から見上げる東京はふだんとまったく違う街のようである（写真⑤）。まるで川の中に街が浮かんでいるようにも見える。上

空を首都高に覆われている日本橋の景観を嫌う人も多いが、川面から見上げるそれは過去と未来の交錯する、うっかり感動するような景色であった（写真⑥）。
日本銀行本店にさしかかるあたりで、岸辺に階段のようなものが見えてきた。
常磐橋防災船着場である（写真⑦）。災害時に陸上の交通が分断された場合に備え、水上の交通網を整備しようというものらしい。残念ながらふだんは閉じられているが、実際に船による避難訓練も行われたという。江戸は水上交通の盛んな都市だったが、現代にあってもせっかくの川インフラを利用しない手はない。防災利用のみといわず、開かれた船着場から、行き交う船をタクシーのようにつかまえて移動するといった未来を想像したくなる。
ボートは神田橋、一ツ橋と橋をくぐっていく（写真⑧）。これらの名前はふだんは地名ととらえるのみだが、こうして見上げると、それが橋であることを

今さらながらに実感する。飯田橋しかり、板橋しかりだ。

　竹橋を過ぎ、水道橋の西側でJR中央線の陸橋をくぐると、いよいよ神田川に入る。見ると、近くに一台のはしけ（貨物用の平底の船舶）が泊まっていた。ゴミ運搬船だという。千代田区と文京区の不燃ゴミを集積して船に載せ、秋葉原を経由して最終的にお台場の先にある処理施設へと運ぶ。筆者の職場は千代田区なのだが、つまり自分が出した燃えないゴミが毎日この船に乗っているかもしれないのだ。意外なところで川による水運が自分の生活に結びついていたことに驚く。

　上流側を振り返ると北側の岸壁に分水路が口を開けていた（写真⑨）。岸壁の上、北側は外堀通り、その向こうは東京ドームである。車の行き交う都市生活のすぐ脇に、ひょっこりとこんな洞窟が隠れているのがおもしろい。

⑧※

⑨※

⑩※

分水路の中は真っ暗闇

分水路の入り口に近づくにつれ、その奥の暗闇がだんだん大きくなっていく。闇が迫ってくるようだ。ボートに乗る参加者も口数が少なくなっている。分水路は船が入ることなど想定していないため、潮位によっては水路内で航行不能となってしまうこともある。また、内部の酸素濃度が薄くなっている可能性もあり、みだりに立ち入ることはたいへん危険だ。

Aさんによれば、今の水深はひとまず問題ないようだ。見上げると、入り口の上部に「水道橋分水路」と書かれている（写真⑩）。

竣工は昭和59年（1984）。経年により錆びが進み、読み取ることが難しくなっている。内部もこのような状態なのだろうか。

「では入ります」とのAさんの合図で、みな緊張しながら少しずつボートを漕ぎ出す。奥は真っ暗闇なので、持参した明かりだけが頼りだ（写真⑪）。

Aさんの用意したサーチライトと、各自の懐中電灯で内壁を照らす。水路の幅は10メートル、天井まで3メートルほどだろうか。内壁は白いコンクリート製で、30センチほどの間隔で薄茶色の線が入っているように見える。明かりが壁に当たっているところ以外は完全な闇なので、まるで宇宙の中にひとり取り残されたようだ。

そのまましばらく進み、入り口から50メートルほど入ったあたりだろうか、前方の白い壁に黒く隙間が開いているのが見えた（写真⑫）。

高さ、幅とも2メートルくらいで、Eボートでくぐり抜けることはできない。近づいて穴の向こう側を照らすと、向こう側にも同じくらいの大きさの別の水路があるようだった。位置関係から、

⑪

⑫

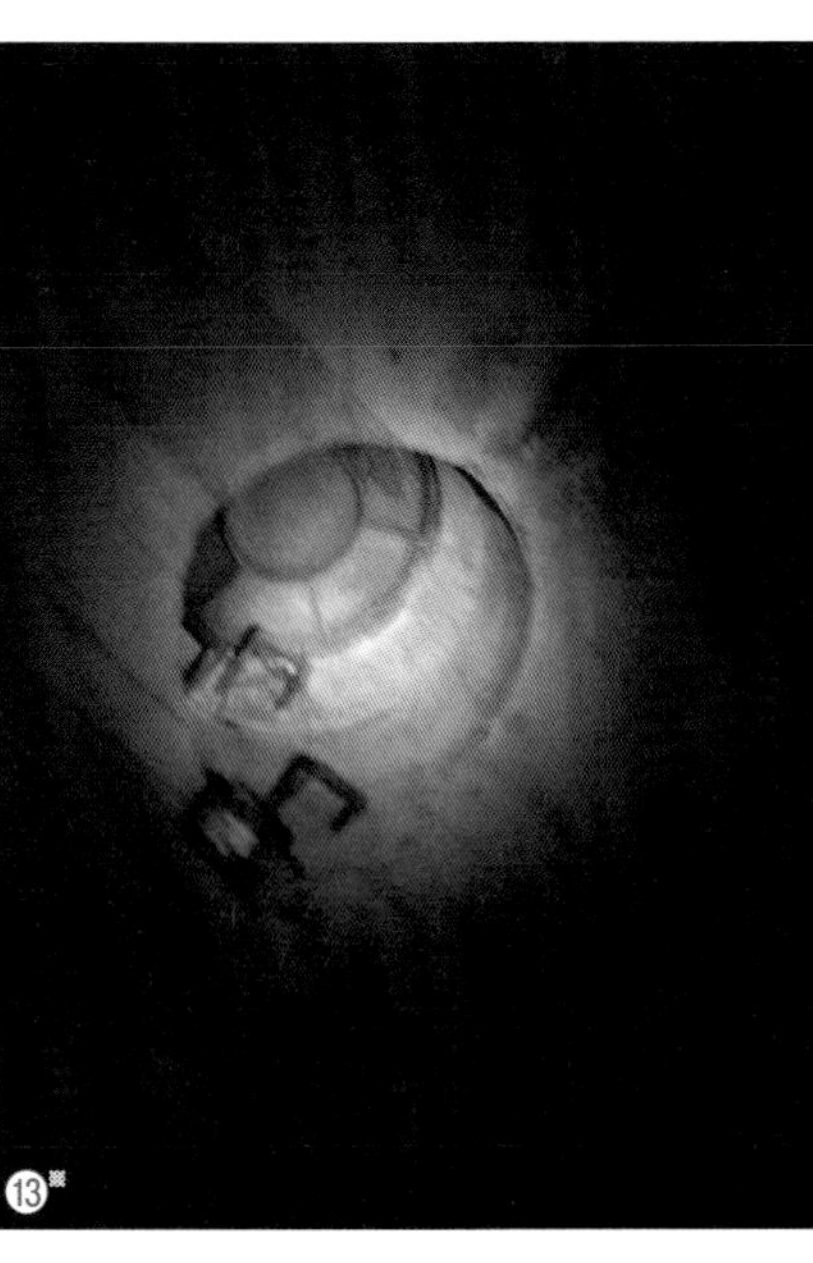

⑬※

⑭※

⑮

おそらくJR水道橋駅東口の足元で開口する分水路が並行しているのだろうと思われた。

再び本流を進む。水路はとても静かだ。ときおり暗闇で「ボチャッ！」と大きな音が反響して驚かされるが、おそらくはコイか何かが跳ねているのだろう。それ以外は遠くに車の通行する音が聞こえるのみだ。水路は緩く左にカーブしており、真上を通る外堀通りのラインに沿って造られているのではないかと想像した。

内壁にはところどころハシゴが設けられており、上にたどっていくと地上につながると思われる蓋が見えた（写真⑬）。地上の通り沿いにメンテナンス用の出入り口でも設けられているのだろうか。

そのほかに目につくものは、内壁のところどころに書かれた、赤い数字だ。「60」「140」といった数字がぽつぽつと書かれている（写真⑭）。入り口からの距離（メートル）かと思うが、Aさんもくわしいことはわからないようだった。

水路は緩やかに左右に進路を変える。が、川のように常に緩やかではなく、人工の構造物らしく極端に折れ曲がっている箇所もあった。

また、うまく撮影できなかったが、水面には家庭ゴミもしばしば浮かんでいた。宇宙の中に佇んでいるようにも錯覚できる場所ではあるが、こういうものを見かけると、ふつうに街の中であったことを思い出させられる。

さらに進み、入り口から300メートルほど進んだあたりで、前方に小さくあかりが見えた（写真⑮）。

最初は、水路内に何か広場のような場所があるのかと思ったが、近づくとだんだんそれが外の景色であることがわかってきた（写真⑯）。ゴールが見えると、気持ちが急に楽になる。暗闇の中でこのまま帰れなくなるのではないかと心配していたことがちょっと恥ずかしい。

川面から見える東京、そして江戸

外に出ると、そこはまさしく飯田橋の駅前だった。冒頭で紹介した水道橋分水路入り口から出てきたことになる。時間にすると10分くらいではあったが、そこが都会の真ん中であることを忘れさせてくれる、小宇宙を訪れたかのような旅であった。

もともとあった小川を埋め立てた暗渠もあれば、この分水路のように人工的に掘り進めて造った巨大な暗渠もある。東京には、さまざまなタイプの暗渠が存在しているのだ。

また、神田川と並行してわざわざ分水路を設けたことにも驚く。もともとの川が残っているからといって、油断してはいけない。暗渠はどこにあるかわからないのだ。外堀通りの下に暗渠が設けられていることを、通りを行き来する人の、いったいどれほどが知っているのだろうか。

帰り道、ボートは飯田橋駅から神田川を下流に引き返し、水道橋駅近くの防災船着場を通り過ぎた（写真⑰）。正式名称は市兵衛（いちべえ）河岸（がし）防災船着場で、その名のとおり、江戸時代はここに河岸があり、まさに船着場として使われていたという歴史がある。

ボートに乗って川面から東京をながめてみると、江戸の風景もまた見えてきた。江戸は水運を活かし、川と生活が密接に関わりあっていた都市だったのだ。分水路の旅は、東京の治水がはるか昔の江戸時代とつながっていることを感じさせる旅でもあった。

写真・文／三土たつお

無印＝2006年7月、※＝2010年3月、＊＝2011年2月撮影

主要参考文献（ウェブサイトは除く）

【地図・全般・文学】

『一万分の一地形図「池袋」』ほか、国土地理院／『明治・大正・昭和東京一万分一地形図集成』柏書房／井口悦男編『帝都地形図』之潮／『江戸明治東京重ね地図』エーピーピーカンパニー／市古夏生・鈴木健一校訂『新訂　江戸名所図会』全八冊、筑摩書房／杉並区立郷土博物館編『杉並の地図を読む』／小木新造ほか編『江戸東京学事典』三省堂／陣内秀信『東京の空間人類学』筑摩書房／越沢明『東京都市計画物語』日本経済評論社／中沢新一『アースダイバー』講談社／田中正大『東京の公園と原地形』けやき出版／大岡昇平『大岡昇平集　11巻　幼年　少年』岩波書店／井伏鱒二『荻窪風土記』新潮社／森まゆみ『不思議の町　根津』筑摩書房

【河川・用水関係】

東京都環境保全局『東京の湧水　平成3年度湧水調査報告書』／鈴木理生『江戸の川・東京の川』井上書院／菅原健二『川の地図辞典　江戸・東京／23区編』之潮／「下水道台帳」東京都下水道局／中村晋一郎・沖大幹「36答申における都市河川廃止までの経緯とその思想」『水工学論文集第53巻』土木学会水工学委員会／神田川ネットワーク編『神田川再発見』東京新聞出版局／清水龍水『水　江戸・東京　水の記録』西田書店／石野広通・東京都水道局編『上水記』／比留間博『玉川上水　親と子の歴史散歩』たましん地域文化財団／渡部一二『図解・武蔵野の水路　玉川上水とその分水路の造形を明かす』東海大学出版会／蓑田僴『玉川上水　橋と碑と』クオリ／小坂克信『玉川上水と分水』新人物往来社／白根記念渋谷区郷土博物館・文学館編『「春の小川」の流れた街・渋谷』／白根記念渋谷区郷土博物館・文学館編『渋谷の玉川上水』／白根記念渋谷区郷土博物館・文学館編『渋谷の水車業史』／斉藤政雄編『渋谷の橋』渋谷区教育委員会／世田谷区教育委員会編『世田谷の河川と用水』／横山恵美「調査ノート　豊島区の湧き水をたずねて」『豊島区郷土博物館研究紀要第11号』／練馬区土木部公園緑地課『みどりと水の練馬』／北区立郷土資料館編『北区の水ものがたり』北区教育委員会

【地域史など】

渋谷区役所編『新修渋谷区史』／堀切森文助編『幡ヶ谷郷土誌』東京都渋谷区立渋谷図書館／渋谷区教育委員会編『渋谷の記憶』／渋谷区教育委員会編『渋谷の記憶Ⅱ』／坂まち通信編集室編「坂まち通信」1号、2号／杉並区立郷土博物館編『杉並区立郷土博物館研究紀要　第11号』／金井利彦『新宿御苑』郷学舎／新宿区教育委員会編『新宿区町名誌』／佐藤洋一『写真と地図でたどるあの日の新宿』武揚堂／新宿区教育委員会『地図で見る新宿区の移り変わり　淀橋・大久保編』『同　牛込編』／『江戸・東京歴史の散歩道2』街と暮らし社／東京市芝区役所編『芝区誌』／東京市赤坂区役所編『赤坂区史』／東京市麻布区役所編『麻布区史』／林順信『東京路上細見1　湯島・本郷・根津・千駄木・神田』平凡社／『文化財シリーズ第70集「まち博」ガイドブック　富士見・大谷口・常盤台・清水・桜川地区編』板橋区教育委員会社会教育課郷土資料館

本書を書いた人たち

編著者

本田 創（ほんだ・そう）

1972年東京都新宿区生まれ。小学生の頃に貰った東京の古い区分地図で、川や暗渠の探索に目覚める。予め失われていた東京の原風景の記憶を求め、都内の暗渠や用水路跡、湧水などを探索。1997年より、その成果をウェブサイトにて公開。著作に『東京暗渠学』、共著に『はじめての暗渠散歩』『東京23区凸凹地図』など。NHK文化センターなどでの講師も務める。

www.tokyoankyolabo.net

@hondaso

髙山英男（たかやま・ひでお）

中級暗渠ハンター（自称）。ある日「自分の心の中にある暗渠」に気づいて以来暗渠に夢中になり、「誰もが心に暗渠を抱えている」と唱えはじめる。共著に『暗渠マニアック！』（柏書房）、『暗渠パラダイス！』（朝日新聞出版）、『はじめての暗渠散歩』（ちくま文庫）など。本業は広告会社でマーケティングに携わる。

www.ankyomaniacs.com/

lotus62ankyo.blog.jp/

@lotus62ankyo

黒沢永紀（くろさわ・ひさき）

東京新宿生れ、中野育ち、渋谷在住。都市探検家・軍艦島伝道師・音楽家。幼少より貝塚や産業廃墟を探索。音楽家活動のかたわら、2000年頃から軍艦島を取材し多くの書籍や映像で発表。近年は東京町歩きガイドを行い、独自の視点による東京本も執筆。『軍艦島全景』『池島全景』（三才ブックス）、『軍艦島入門』『軍艦島奇跡の産業遺産』（実業之日本社）『東京ディープツアー』（毎日新聞出版）『東京時層探検』（書肆侃侃房）、ほか多数。

ウェブ情報：「黒沢永紀」検索

樽 永（たる・ひさし）

1968年生まれ。編集者・ライター。おもに宗教・日本史・地形・カメラなどの本を手がけてきたが、本書の元となった洋泉社ムック『東京ぶらり暗渠探検』で編集を担当。暗渠については素人ながら一部を執筆。その際、福田氏の言に影響され、夜中に暗渠の道を徘徊して（良識の範囲内で）水音などを楽しむようになる。

世田谷の川探検隊／福田伸之（ふくだ・のぶゆき）

1961年生まれ。都内マスコミ勤務。副業は「夜アルキ」。本業を離れ、いち市民として川跡と暗渠の魅力を紹介してきた。『東京みち探検隊！』（国土交通省）『魅せます！せたがや』（世田谷区）『ザ・NIPPON検定』（フジテレビ）などの番組に出演・制作協力。現在の夢はこれまでに撮りためた暗渠写真を再整理すること。本書に参加したことでその一端が叶いました。

@chasin_trane

三土たつお（みつち・たつお）

ライター、都市鑑賞者。1976年茨城県生まれ。暗渠との出会いは蟹川で、好きな川跡は藍染川、現在は谷端川沿いに住んでいます。iTSCOMデイリーポータルZにて主に街角観察の記事を執筆。共著に『はじめての暗渠散歩——水のない水辺をあるく』（筑摩書房）、『街角図鑑 街と境界編』（実業之日本社）など。

mitsuchi.net

@mitsuchi

吉村 生（よしむら・なま）

本業の傍ら暗渠探索に勤しみ、暗渠のツアーガイドや講演なども行う。郷土史を中心とした細かい情報を積み重ね、じっくりと掘り下げていく手法で、暗渠の持つものがたりに耳を傾けている。共著に『暗渠パラダイス！』（朝日新聞出版）、『暗渠マニアック！』（柏書房）、『はじめての暗渠散歩』（ちくま文庫）等。

www.ankyomaniacs.com

kaeru.moe-nifty.com

@nama_kaeru

@namakaeru

●本書は『地形を楽しむ東京「暗渠」散歩』（洋泉社刊、2012年）を大幅に改訂して新たに刊行するものです。
●付属の大判地図の作成にあたっては「測量法に基づく国土地理院長承認（使用）R 2JHs 688」を得ております。
●本書本文に掲載した地図は、編著者・本田創が、国土地理院が提供するWEBサイト・地理院地図の「淡色地図」「陰影起伏図」「傾斜量図」の地図画像に対し、「自分で作る色別標高図」にて標高別の彩色を行った上で、編著者の調査に基づく暗渠・河川・上用水の水系情報を記載し作成しました。本書掲載の水系の情報の無断転載を固く禁じます。

装丁…杉本欣右
本文デザイン・DTP…株式会社千秋社
地図制作…本田創
編集…磯部祥行（実業之日本社）

失われた川を歩く
東京「暗渠」散歩　改訂版
2021年2月1日　初版第1刷発行
2021年3月25日　初版第2刷発行

編著者　本田創
発行者　岩野裕一
発行所　株式会社実業之日本社
〒107-0062 東京都港区南青山5-4-30
CoSTUME NATIONAL Aoyama Complex 2F
電話【編集部】03-6809-0452
【販売部】03-6809-0495
https://www.j-n.co.jp/
印刷・製本　大日本印刷株式会社

ISBN 978-4-408-33965-8（アウトドア）